JN071022

重化の実践的ハンドブック

化学業界の常識

リアルな化学業界の分かりやすい実用情報

重化学工業通信社

◆ 凡　例 ◆

　本書で頻繁に出てくる英語略語の説明は以下の通りです。文中では出来るだけ説明を重ねていますが、詳しくは巻末の略語集をご覧ください。ただし、覚える必要はありません。

☆目次に登場する汎用品

ＰＥ＝ポリエチレン、ＬＤＰＥ＝低密度ＰＥ、ＬＬＤＰＥ＝直鎖状ＬＤＰＥ、ＨＤＰＥ＝高密度ＰＥ、ＥＶＡ＝エチレン酢酸ビニル共重合樹脂、ＰＰ＝ポリプロピレン、ＰＳ＝ポリスチレン、ＥＰＳ＝発泡ＰＳビーズ、ＡＢＳ樹脂＝アクリロニトリル・ブタジエン・スチレン共重合樹脂、ＰＶＣ＝塩化ビニル樹脂、ＳＭ＝スチレンモノマー、ＰＸ＝パラキシレン、ＰＴＡ＝高純度テレフタル酸、ＥＧ＝エチレングリコール、ＡＮ＝アクリロニトリル、ＣＰＬ＝カプロラクタム、ＰＥＴ＝ポリエチレンテレフタレート、ＰＣ＝ポリカーボネート、ＢＰＡ＝ビスフェノールＡ、ＭＭＡ＝メチルメタクリレート、ＰＶＯＨ(ＰＶＡ)＝ポバール、ＳＡＰ＝高吸水性樹脂…等々

はじめに

　本書は、化学業界や関連産業で働く人々、社歴も長くなって今さら人に聞けないと感じる人々、或いはこれから当該産業に関与しようと考える人々に向けて、業界の常識として知っておくべき事柄を実例に即して紹介するものである。

　実際、文系出身者はもちろんのこと、化学産業で働こうと前もって勉強し、入社した人や理系出身者でさえ、新人教育を受け実業の現場に配属されると、アカデミックな入門書で勉強した事柄と現実との違いに戸惑い、大きな違和感を覚えるらしい。取り分け、化学業界で常識とされている事柄や慣習、専門用語の使い方など、分からないことだらけで困惑してしまう。

　そこで本書では、近年の化学業界が直面している経済情勢や環境問題、世界との関係などを含め、化学製品、取り分け石油化学製品を中心に、その原料や値動き、生産状況、用途分野などを分かりやすく解説する。すでに、弊社刊の石油化学新報やWeb版のJchem-Newsに「化学基礎講座」と称して連載してきたが、これを編集し直し、加筆・修正しながら当ハンドブックに編纂した。関係諸氏にとって、本書が密かな「トリビアの書」となることを願うばかりである。

❖ ❖ ❖ 目 次 ❖ ❖ ❖

はじめに

プロローグ……………………………………………………………11

化学と社会／生い立ちと貢献・影響………………………13

　■化学の生い立ちと人類への貢献

　■スタートは石炭化学～ガス化学と石油化学

　■中東情勢やロシアのウクライナ侵攻による影響

　■石化原料の多様化

　　【Q＆A】ナフサって何？

　■ナフサ分解と(シェール系)エタン分解の違いとは

　　【Q＆A】シェールって何？

　■将来の石化原料

　　【Q＆A】エタン分解ってどうすること？

　■石油精製プロセスの仕組み

石油化学産業～成り立ちと国内外の業界構造………………24

　■そもそも石油化学産業とは？

　■総合化学大手／それぞれの企業に「１位」製品あり

　■海外シフトの流れ／国内で大規模新増設は望みにくい

　■世界大手化学メーカーの規模

　■群雄割拠する日本の化学業界

　■日本の化学業界が進むべき道は

石化原料～(国産)ナフサやエチレン価格はどう決まる？……34

　■エチレンやプロピレン価格の決め方は？

　■２年で国産ナフサ価格が47％アップ

　　　　　　　　　　／５四半期比では倍額に上昇

　■日本の特殊事情とは？

エチレン・プロピレン～主要石化製品の要……………………39

■エチレンとは？～その使われ方や特性

　【Ｑ＆Ａ】モノマー／ポリマーって何？

■エチレン／プロピレンの製造法

■ナフサクラッカーの仕組み

　１．分解系の基礎

　　★ナフサ分解の２つの偶然／★運転条件

　２．冷却系の基礎

　３．精製系の基礎

■原料により異なる分解留分の得率

　【Ｑ＆Ａ】原単位や収率って何？

　　★ｅクラッカーのデモプラントが2023年に登場

　【Ｑ＆Ａ】"エチレン分解炉"と呼ばないで

　　★ナフサのクラッキング比

■クラッカーのカーボンフリー化は可能か

■エチレン消費の行方～最大用途はＰＥ

　【Ｑ＆Ａ】レジ袋の消費量は何億枚？

■国内のエチレン生産体制～減少の一途か？

ポリエチレン～脱「汎用」進む最大の汎用樹脂………………63

■ＰＥの種類

■ローデンとハイデンは「もやしと貝割れ大根」

　【Ｑ＆Ａ】ＬＬＤＰＥって何？

■国内のＰＥ変遷～メーカー数が半減

■「汎用」ではないＰＥ～国内の全メーカーが特殊品を生産

■設備投資の意思決定／中国や米国の設備はケタ外れ

ＰＰ～使いやすく裾野の広い大型汎用樹脂……………………70

■ＰＰの用途～幅広い用途に使われる汎用樹脂

■近年のＰＰの動向～紙おむつ用繊維向けに需要が伸長

■自動車向けに需要が増えるＰＰコンパウンド

■国内における設備の動向

ＰＶＣ～建築・インフラを支える汎用樹脂………………………77

■燃えにくくリサイクルに適した素材

■最大の輸入国インド

■最大の消費国と巨大な生産力

■日本で進む見直しの動き

カセイソーダ・塩素～電解でつながるバランス産業…………82

■カセイソーダ～ソーダ水とは別物

■塩素～「混ぜるな危険」

アンモニア～燃料利用・調達両面で多数の案件………………87

■日本政府も本腰

■調達には高いハードル

■アンモニア輸入基地整備で連携

■産地直送で輸入インフラ整備が急務

メタノール～天然ガスから作られる基礎化学品………………92

■化学原料としてのメタノール～ホルマリンから樹脂へ

■国内生産は1990年代に終了～中東・米州から全量輸入

■環境対応製品としてのメタノール／国産の再開が現実味

■燃料としてのメタノールも再評価～安価な水素がキー

酢酸系製品～国内市場は成熟～業界再編も完了済み……… 100

【Ｑ＆Ａ】チェーンとは？

■製法の変遷～最古は紀元前

■国内需要は安定〜設備統廃合も完了済み

■脚光浴びるＰＶＯＨ（ＰＶＡ）／酢酸セルロース

ＥＯＧ〜「ＥＯセンター化」構想で国内生産集約…………… 106

■日本勢はＥＯ系誘導品に活路

　【Ｑ＆Ａ】ＥＯ系誘導品メーカーがＥＯプラントの近隣に集積している理由は？

■ＥＧの世界情勢は混沌

ＰＸ〜世界需要１億ｔに迫るＰＥＴの基礎原料……………111

■国内メーカーは石油精製企業のみに

■中国で内製化で業界地図塗り替えも

■指標価格は大手メーカーとユーザーが毎月交渉

　【Ｑ＆Ａ】ＰＴＡの価格がＰＸより安いのはなぜ？

ＰＴＡ〜合成繊維の王者ポリエステルの主原料…………… 119

■国内生産は内需見合いに収斂

■中国メーカーが市場を席巻

ＣＰＬ〜幅広い用途を持つナイロン６の主原料………… 126

■工業化は1943年

■市況形成は世界４極化の様相

■需給緩和でトップメーカーの身売りも

ＡＮ〜主用途のアクリル繊維は減少傾向止まらず………… 133

■アジアトップは旭化成／独自技術も保有

■ＡＢＳ樹脂等が需要を牽引

■国内は再編済み／海外では大規模計画も

炭素繊維〜軽量化支える高機能素材／再エネでも活躍…… 138

■樹脂の強化材として部品等の軽量化に寄与

■日系３社が４割以上

■リサイクルの検討進む

合成繊維～機能性改良／異形断面で感触も再現……………143

■三大合成繊維～ポリエステル・アクリル・ナイロン
■紡糸工程～機能性の高い衣料繊維も
■繊維を重ね結合させた不織布

アクリル酸／高吸水性樹脂～中長期的成長続く……………147

■ＳＡＰトップの日本触媒は原料でも３本指
■中長期的に年率３～５％成長続く見通し
■性能アップと紙おむつリサイクルが課題

ＭＭＡ～大手の再編進む／新製法の新設計画も……………151

■製法の違い／３種類の出発原料
■近年の業界再編
■新増設進む／中国では供給過剰の懸念も

ブタジエン／合成ゴム～今後も堅調な需要増予想…………155

■ブタジエンとは？
■ブタジエンの製造方法～多くがナフサクラッカー由来
■合成ゴムとは？
　【Ｑ＆Ａ】エラストマーとゴムは違うもの？
　【Ｑ＆Ａ】ラテックスって何？

芳香族～オレフィンと並ぶ化学工業の基礎原料……………161

■石油化学の発展とともに製法も変遷
　【Ｑ＆Ａ】芳香族ってどんな匂い？
■国内市場は1,000万t規模に縮小
■バイプロから目的生産物へ

ＳＭ～日常生活で触れる多くの製品の基礎原料……………168

■商業生産の開始は1930年代

■需要・供給とも中国が中心

■国内は5社200万tに再編も先行きは依然不透明

PS～多彩な用途を有する5大汎用樹脂の一角…………… 174

■商業化から90年

【Q&A】PSとPETの違いは？

■再編劇を経てフル生産に

ABS樹脂～耐久財の外装など「身近な」樹脂…………… 179

■汎用樹脂とエンプラの中間に位置／幅広い用途に

■ゴム成分の変更やアロイなど種類豊富

■業界再編／日系は付加価値で勝負

フェノール～PC／エポキシ樹脂へ繋がる中間原料……… 184

■工業化から160年

【Q&A】フェノールとポリフェノールの関係は？

■ナイロン原料向けで新用途

■BPAはPC樹脂・エポキシ樹脂とも需要旺盛

■フェノール樹脂は最古のプラスチック

ウレタン～何にでも変身するスーパーポリマー…………… 190

■ポリオールはポリウレタンの基本的な原料

■TDIとMDIに代表されるイソシアネート

■MDIは各地で投資が活発化

■非化石由来の原材料採用など環境対応も進む

エンプラ～高耐久・高性能・高耐熱なプラスチック……… 197

■結晶性と非晶性～融点とガラス転移点

■五大汎用エンプラ～自動車部品や電気・電子関係で活躍

■先端分野で活躍するエンプラ

フッ素樹脂〜最後の砦と呼ばれる超エンプラ………………　202
　■様々な種類が存在するフッ素樹脂／原料は「光る石」
　■身近な製品にもＰＴＦＥ使用〜産業機械で採用広がる
　■電線被膜材にＥＴＦＥ使用〜ガソリンホースでも活躍
　■フッ酸はフッ素ゴムやフッ素ガスなどの化合物にも変化
　■ＰＶＤＦはＬｉＢの部材に／フッ素樹脂の今後

熱硬化性樹脂〜高い強度と耐熱性……………………………　208
　■熱硬化性樹脂の成形法
　■フェノール樹脂〜世界初の合成樹脂
　■不飽和ポリエステル樹脂〜ガラス繊維との複合材が主力
　■メラミン樹脂〜「割れない」食器や化粧板
　■ユリア樹脂〜最も安価な熱硬化性樹脂

バイオマス・生分解性樹脂〜環境配慮で脚光………………　213
　■バイオマスプラスチック〜原料調達に課題
　■生分解性プラスチック〜リサイクルに課題
　■ハイブリッドなプラスチックも登場／非石化企業も参入

追補〜アジアの石化製品需給バランスと過不足状況………　220
　　【Ｑ＆Ａ】アジアで一番足りない石化製品は何？
　■余剰品はＰＴＡなど芳香族系製品
　　　　　　　　　　／不足品はＰＥやＥＧほか大半
　■中国の入超100万トン超は11製品
　　　　　　　　／インド・ベトナム・インドネシアも入超大
　■出超国は韓国・台湾・タイ・シンガポールなど
　■出超国の日本でも増える入超品

≪資料編≫………………………………………………………　227

プロローグ

　化学産業は、天然の資源を加工して人々が使いやすい素材に形に変え、ユーザー業界に製品を提供する産業である。その化学製品を製造し、供給する流れをサプライチェーン（ＳＣ）というが、従来は主に化石資源から原料を調達し、製造加工して販売〜消費というサイクルで回っていた。近年では、このＳＣに消費後の回収・処理・リサイクルという循環プロセスを組み込まなければ、持続可能な事業活動が続けられない社会に移りつつある。かつては環境汚染の元凶と見なされたり、近年では廃棄されるプラスチックごみ問題の主犯、直近では、新型コロナウイルスが世界的に蔓延し、マスクや防御具・衣料、消毒液、医薬品など種々の化学品を原料とする対処製品が求められ、無くてはならない存在として再認識されるようにもなってきた。化学品は使い方次第で救世主にも悪者にもなってしまう存在である。この業界に身を置くものとして、化学品がどのようなプロセスを辿って生み出され、消費され、循環していくのか、という流れを把握し、その性能や量的なスケール感を知っておくことも大事なのではないかと思う。

　近年、化学業界で注目されていたこと、話題になっていたこととは何だったのか？米中貿易戦争による中国市場の成長鈍化、需給・市況の低迷による業績悪化、Ｍ＆Ａや経営統合の進展、海洋プラスチックごみ問題やシェール由来品による影響の顕在化、中東情勢の緊迫化、コロナ禍による原油の乱高下、ロシアによるウクライナ侵攻で波及したエネルギー高騰・食糧危機など、沢山の大波小波が押し寄せてきた。

　こういった話題の根本に横たわる構造問題や世界との関係性、モノの動き、価格決定やスプレッド(原料と製品の価格差)増減の原理、石化製品の製造工程や原料との関係などに加え、業界で多用される通称名や略語、慣習や決め事など、今さら同僚や後輩には聞きにくい化学の基礎知識や原理など様々な問題について解説していこうというのが本書の狙いである。

　これから石化の世界で仕事をする方々、また他部門の製品についてはあまり触れる機会がないという中堅の方々にとっても、あらためて石化について知る機会になれば幸いである。

　プロローグでは、まず超簡略化した化学の生い立ちや人類への貢献、ガス化学と石油化学の違い、原料多様化問題、モノの流れとその方向性などを見ていくことにする。

化学と社会／生い立ちと貢献・影響
－世界情勢/原料多様化/モノの流れとサステナビリティ－

■化学の生い立ちと人類への貢献

　人類が最初に利用した化石資源は、灯りや燃料としての燃える石（石炭）や黒い泥水（天然のアスファルトや原油）だったが、タール状の原油はそのまま漆喰や防腐剤、胃腸薬として利用されたこともある。ただし、これらの原料を加工した化学品として工業的に利用されたのは、天然品の代替となる合成染料が最初だった。一方で、塩水の電気分解によるカセイソーダの製造や空中窒素の固定によるアンモニアの合成が工業化されたことで、洗剤や肥料など種々の化学品への基礎原料供給が可能になった。なかでもアンモニアは、尿素に誘導することにより化学肥料としての利用に道を開いたことで、化学工業は農作物の増産を支える一大産業としても発展していくことになる。人類の発展には産業革命もさることながら、食糧の増産がなければ増加する人口を支えきれなかったことも事実であっただろう。

■スタートは石炭化学～ガス化学と石油化学

　米国で発明されたナイロン（66）繊維の製造技術が戦後まもなく日本に導入され「石炭からストッキングが生まれた！」とい

う見出しの新聞記事が世間を賑わした。製鉄に必要なコークスを製造するため、石炭を蒸し焼きにする際に発生するコークス炉ガスからナイロン66原料を合成できたことが発端だが、タール蒸留により抽出される芳香族を利用した石炭化学がまず立ち上がった。その後、自動車産業の勃興に伴い需要が形成されたガソリンの副産物として、利用価値がなかった安価で扱いやすいナフサを原料に用いる石油化学へと時代は流れていった。

　近年では、米国でシェール（頁岩）層から効率的にオイルやガスを取り出す工法が開発されたことにより、ナフサの強力なライバルとしてシェールガス由来のエタンも原料に用いられている。つまり、（石炭系）ガス化学からスタートしたのち（ナフサ系）石油化学が全盛となり、再び（シェール系）ガス化学が存在感を高めてきたのだ。それでもアジアでは、調達しにくいエタンよりも原油を出発原料とする石油化学の方が大きいウェートを占めている。

■中東情勢やロシアのウクライナ侵攻による影響

　中東の産油国を中心とするＯＰＥＣだけが世界の原油市場を支配する時代はすでに終わっている。2019年初頭にカタールが脱退するなど、ＯＰＥＣの原油生産シェアが2019年で37.9％と

４割を割り込んだ。同シェアが初めて６割を上回った非ＯＰＥＣ諸国のうち、世界で１位は米国、３位はロシア、４位はカナダであり、サウジアラビアは２位に食い込んでいるものの、非ＯＰＥＣ陣営に挟まれて苦戦を強いられている。対米シェール陣営とのシェア争いを巡って、2020年３月にはロシアとの協調減産にも失敗するなど、新型コロナの感染拡大に伴う経済活動の停滞による石油需要の急速な落ち込みも加わって原油価格が急落、サウジアラムコは業績的にも2020年に大幅な減収減益決算を余儀なくされた。ただ、非ＯＰＥＣ諸国の中でもＯＰＥＣと協議する姿勢をみせているロシアやメキシコ、カザフスタンなどの陣営を加えたＯＰＥＣプラスの生産シェアは、2020年も2021年もともに54％強と過半数を超えており、一定の勢力を保っている。このため、世界で12％のシェアを持つロシアが両陣営のキャスティングボードを握る構造にもなった。

　2022年２月、そのロシアがウクライナに侵攻したことでＮＡＴＯ加盟国など西側陣営がロシアに経済制裁を実施した結果、原油や天然ガスが急騰することとなった。日本への通関ベースで同６月にはバレル117ドルとピークに達したが、その後は続落、80ドル水準にまで落ち着いた。ただし、ロシア産の天然ガスをパイプラインで直接受給するなど、エネルギー依存度の大

きかったドイツや他のＥＵ陣営は、現在でも供給減と価格高騰に悩まされている状況にある。もちろん、ＬＮＧ（液化天然ガス）を輸入するしかない日本なども、世界的なガス価格高騰の余波を受けているのは周知の通り。

　一方、日本の石油依存度はどの程度か。世界の原油生産量は2021年で日量8,845万バレル（51億3,343万kL相当）とみられており、日本は同年に１億4,431万kLを輸入した。必要量のほぼ全てであり、国産量は１日分に相当する量しかない。この輸入原油に占めるロシア産の割合は3.6％と前年並みだった。それに対して、中東エリアから輸入した原油の割合は実に92.5％にも達した。その一方で、石油化学原料として多用しているナフサの輸入依存度はどの程度か。

　石化事業で最大の出発原料であるナフサの中東依存度は2021年で39％と前年より４ポイント上昇した。ナフサは必要量の31％を国産品で賄っているので、輸入比率は69％

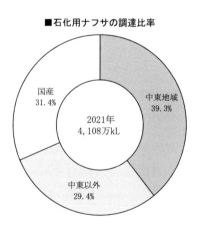

■石化用ナフサの調達比率

2021年
4,108万kL

国産
31.4％

中東地域
39.3％

中東以外
29.4％

となる。輸入量のうち中東エリアから輸入している比率は57%
（全体の39%）。ロシア産は全体の1.8%に過ぎない。もちろん、
中東原油の輸入が全面ストップともなれば、価格面・心理面で
受ける影響は甚大となる。原油価格の乱高下は在庫評価額に反
映されるため、四半期決算などに与える影響は確かに大きいも
のの、モノの流れがゼロになるわけではない。原油備蓄量は国
家・民間備蓄分を合わせて2022年３月末現在で232日分もある。
過去の経験でも、半年以上もの間、中東原油が世界に一滴も出

■石化用ナフサの国別・地域別輸入量

国・地域	2020年	全シェア	2021年	全シェア
アラブ首長国連邦	4,207	10.6%	5,686	13.8%
カタール	5,409	13.6%	4,705	11.5%
サウジアラビア	1,343	3.4%	2,147	5.2%
クウェート	2,005	5.0%	2,071	5.0%
バーレーン	903	2.3%	1,216	3.0%
その他	123	0.3%	300	0.7%
中東小計	13,990	35.2%	16,125	39.3%
同輸入シェア	53.1%		57.2%	
韓国	2,753	6.9%	2,448	6.0%
米国	2,083	5.2%	2,216	5.4%
インド	1,776	4.5%	1,469	3.6%
ペルー	938	2.4%	1,243	3.0%
ロシア	1,154	2.9%	737	1.8%
100万kL以上小計	8,703	21.9%	8,113	19.8%
同輸入シェア	33.0%		28.8%	
その他諸国	3,673	9.2%	3,956	9.6%
同輸入シェア	13.9%		14.0%	
輸入合計	26,366	66.4%	28,193	68.6%
石化用ナフサ国産量	13,353	33.6%	12,884	31.4%
ナフサの総供給量	39,719	100%	41,078	100%

単位：千kL（注）国の並びは2021年実績の多い順

なかったことはないし、非ＯＰＥＣ諸国での原油増産、北米シェールオイルの増産なども期待できる。しかも、ガスや石炭系メタノールなど、石化原料に利用できる石油以外のリソースも潤沢だ。情勢緊迫化により原油価格の高騰が生じても比較的短期間のうちに沈静化するのは、近年、その存在感が一層大きくなったシェールオイル・ガスのおかげだといえよう。化石資源ソースや手当てルートの分散化は進んでいる。

■石化原料の多様化

　日本では平均すると石化原料の95％がナフサ。扱いやすく、これを熱分解して得られるエチレンやプロピレンなど欲しい石化基礎原料の生産割合が理想的なためだが、米国ではエタンの使用比率が６〜７割以上、逆に欧州では７割前後をナフサに依存している。ナフサ以外に石化原料として利用できるＬＰＧ（液化石油ガス：プロパンやブタンが主成分）や重質ＮＧＬ（天然ガソリン：天然ガス産出時に随伴する天然ガス液で、コンデンセートともいう）、ガスオイル（軽油）などもあるが、ナフサより相当安くないと使うメリットはない。ただし、日本でも原料多様化のための受入対応策は進んでおり、非ナフサ原料の最大受入可能量は２〜３割から最大65％まで。欧米ではエタンな

どガスの使用比率が高まっていく傾向にあるが、エタン分解ではエチレンとその誘導品しか製造できない。

【Q&A】ナフサって何？

原油を精製(蒸留)したときに10％ほど分留される粗製ガソリンのことで、比重0.7前後の揮発油。石油精製業最大の目的生産物質であるガソリン(原油の28％)の規格外品

■ナフサ分解と(シェール系)エタン分解の違いとは

石化産業の"米"と云われ、消費量の最も多い基礎原料のエチレン。これに加えてプロピレンやゴム原料のブタジエンなどを総称してオレフィン(不飽和炭化水素)というが、ナフサ分解だとオレフィンや芳香族製品も得られ、エタン分解だとほぼエチレンしか得られない。→詳細は50頁をご参照

それぞれの流れを見ると、分解温度や原料配合等によって各留分の得率を変えることができるが、おおよそナフサ330からエチレン100、プロピレン60、ブタジエン15、芳香族その他が得られ、エタンなら130の量からエチレン100が得られる。目的生産物がエチレンだけなら、エタン分解の方がコスト的(ナフサよりもエタンの方が安い)にも収率の面でも有利だが、エチレン系以外の誘導品も欲しい場合には適さない。

【Q&A】シェールって何？

　シェールとは頁岩のことで、地下のシェール層が油やガス成分を含んでいる。かつては大量に採掘できなかったが、(岩盤に超高圧水を注入して割れ目を作り、大量の水と薬品を流し込んで油やガスを回収する)水圧破砕法が実用化されたことで、効率的にシェールオイルやガスが大量に採取できるようになった。このうちガスは天然ガスと同じ成分で、産地によってその成分比は異なるものの、大半はメタンで構成されている。オイルは原油と同じで、おかげで米国が世界一の原油生産国となった

■将来の石化原料

　化学製品は消費され、最終的には廃棄されることになるが、とりわけ目に付くプラスチックなどは再び製品にリサイクルされたり、焼却してエネルギーとして利用されたりする。このうち、リサイクル手法では高コストになったり、環境に負荷をより与えてしまうような場合は、化学原料として再利用する方法もある。ケミカルリサイクルというものだが、この方法は炭化水素であろうが、二酸化炭素であろうが、カーボン(C)が含まれていれば有機化合物として再利用でき、決して無くなるもの

ではない。最終的にはコストの問題に収斂されるが、技術的には種々の道が開けている。化学産業としてのサステナビリティを追求するならば、サプライチェーンの関係業界でコスト負担しながら循環する産業を目指すのが究極の道だ。

【Q＆A】エタン分解ってどうすること？

　一般的に天然ガスの９割方はメタンで構成されているが、残りの成分にはエタンやプロパン、ブタン、ペンタンなどが含まれている。北米やアブダビにはエタン成分が15％超も含まれるウェットなガス田がある。そのエタン分を分離・回収し、クラッカー(分解炉)で熱分解すると、原単位1.3の割合でエチレンが得られる。つまり、130万トンのエタンをクラッカーに投入すると、100万トンのエチレンを製造できる。ナフサ分解の場合は、100万トンのエチレンを製造するのに最大330万トンのナフサが要る(詳しくは42頁の■ナフサクラッカーの仕組みをご参照)が、エチレンだけでなく、プロピレンやブタジエンなどのオレフィンや芳香族なども得られる。非ナフサ原料でプロピレンが欲しい場合はエタン分解炉ではなく、ＰＤＨ(プロパン脱水素)法のプラントを用いるのが一般的。この場合、60万トンのプロピレンを製造するのに80万トンのプロパンが必要

■石油精製プロセスの仕組み

1．原油から得られる石油製品の得率

トッパーと称される常圧蒸留装置に原油を投入すると、下図のような割合で各留分が得られるが、その得率は原油の種類により異なる。重質原油は残油分が多く、軽質になればなるほど残油分は少なくなる。最終製品の得率は、減圧蒸留装置や脱硫・分解・改質装置など二次設備の有無、残油処理能力等の大小によっても異なってくる。

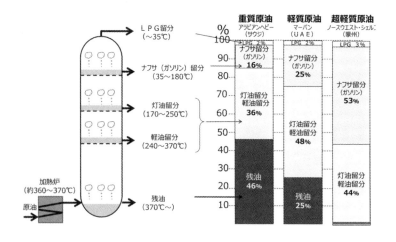

(出所)経済産業省 資源エネルギー庁 資源・燃料部 石油精製備蓄課編「高効率な石油精製技術の基礎となる石油の構造分析・反応解析等に係る研究開発委託・補助事業」補足説明資料

２．白油留分増産の仕組み

　先の図では、原油の一次処理装置であるトッパーのみで得られる各留分得率を示したが、ガソリンや灯軽油など白油と称される留分をより多く取り出すため、バキューマーで減圧蒸留し、分離される白油を除いた重質油（残渣油）を流動接触分解装置（ＦＣＣ）や残油流動接触分解装置（ＲＦＣＣ）、コーカーなど熱分解装置、残油水素化分解装置(H-Oil)等の残油処理装置で処理すると、下図のような割合で各軽質油が得られる。

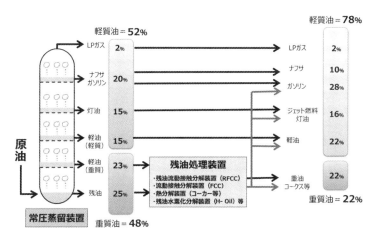

（出所）同前

　この結果、重質油の得率を48％から22％まで下げることが出来、白油（軽質油）の得率が52％から78％に上昇する。

石油化学産業～成り立ちと国内外の業界構造
－化学産業とは／日本の石化メーカーが進むべき道は？－

　石油化学製品は普段の生活に最も身近な存在であると言える。今や服飾品も衛生用品も食品包装材もほとんどが石化製品であるし、紙製品でさえ、漂白、着色、コーティング、機能性添加などに使われ、機械の洗浄なども石化製品がないとできない。これほど重要かつ存在感の大きい分野であるにも関わらず、残念なことに石化産業にはあまり馴染みがないという人は多い。ここでは、普段はあまり詳細に説明されることの少ない基礎製品から主要石化製品に至る各種化学品や樹脂をなど取り上げ、その特徴や歴史、製造法などについて、あらためて触れていく。

■そもそも石油化学産業とは？

　石油化学産業は、主に原油や天然ガスをベースに、プラスチックや合成ゴム、化学品の原料を作る産業のことを指す。ときに石油精製産業(ガソリンや灯油、軽油などの製造)と石化産業を混同しているケースも見受けられるが、石油精製と石化は別のもので、石油精製で作られたナフサを受給して各種プラスチック原料を作る―という、産業の川上と川下の役割を担う関係性となっている。ただし、精製と石化の両方を手掛けている企

業もあり、例えばＥＮＥＯＳや出光興産がその一例となる。

　化学産業(化学工業とプラスチック製品やゴム製品を合わせた広義の化学工業)は、国内製造業では輸送用機械器具産業に次ぐ第２位の出荷額となる46兆円(2019年時点、うち化学工業は29兆円／プラスチック製品13兆円／ゴム製品３兆円強)を誇り、従業員数も95万人(同38万人／45万人／12万人)と多い。原料や素材を作る裏方的な役割であるため、地味な産業と思われがちだが、国内製造業の根幹を支える非常に重要な産業だ。サプライチェーンに果たす役割も大きく、2011年の東日本大震災の際には複数の石化設備が被災し、ペットボトル用のキャップが作れなくなったり、納豆用のフィルムが不足したりと原料供給が滞ったために一般生活にも影響が及んだ。それほど影響力のある産業であるだけに、石化メーカーは安全・安定運転を何よりも重要視し、24時間体制で万全の体制を敷いて連続運転を行っている。

■総合化学大手／それぞれの企業に「１位」製品あり

　表に総合化学を含む化学企業各社の2021年度当時の売上高を示す。総合化学メーカーとは基礎原料(エチレンなど)から誘導品(中間原料)、素材・製品までを手掛ける企業だが、厳密な定

義等はない。ここでは三菱ケミカルグループ（当時は三菱ケミカルホールディングス）、住友化学、旭化成、三井化学、レゾナック・ホールディングス（当時昭和電工）、東ソーの6社をそう定義する。各社とも医農薬やガス、建材、エンジニアリングなど化学品以外の事業も手掛けているため単純な比較はできないが、売上高1兆円を超える企業が上位10社のうち8社もあり、決して小さくない規模の業界だ。なお、2022年3月期業績は、新型コロナウイルス感染症拡大の影響で多くの企業が減収となった2021年3月期からの回復分が加味されていることに留意し

■国内化学メーカーの売上高比較

	会社名	2021年3月期売上高	2022年3月期売上高	各社の高シェア製品（世→世界順位、国→国内順位）
1	三菱ケミカルHD※	3,257,535	3,976,948	MMA（世・国1位）、EG（国1位）、PBT（同前）
2	住友化学※	2,286,978	2,765,321	PO（国1位）、メチオニン（同前）、PES（国内唯一）
3	旭化成	2,106,051	2,461,317	ナイロン66（国1位）、ポリウレタン弾性繊維（同前）
4	東レ	1,883,600	2,228,523	炭素繊維（世・国1位）、エステル・ナイロン繊維（国1位）
5	信越化学工業	1,496,906	2,074,428	PVC（世1位・国1位）、シリコーン製品（国1位）
6	三井化学	1,211,725	1,612,668	PTA（国1位）、EPDM（同前）、フェノール（同前・世2位）
7	昭和電工※※	973,700	1,419,635	半導体用高純度ガス（世1位）、アンモニア（国1位）
8	積水化学工業	1,056,560	1,157,945	PVB（ポリビニルブチラール）中間膜（国1位）
9	帝人	836,512	926,054	PC（国1位）、アラミド繊維（世界2強）
10	東ソー	732,850	918,580	カセイソーダ（国1位）、VCM（同前）、MDI（同前）

単位：百万円　　（注）各製品の国内外シェア順位は弊社調べ
※三菱ケミカルHD（2022年7月より三菱ケミカルグループ）、東レ、住友化学は売上収益
※※昭和電工（2023年1月よりレゾナックHD）は12月期

たい。また、現レゾナックは2021年12月期の売上高が46％も増加しているが、これは旧日立化成を2020年6月に子会社化した効果が大きい。同表では2022年3月期当時の社名を掲載した。

　なお、同表の右側には各社が高いシェアを有する製品を記した。世界や国内の順位は、主に当社発行の「化学品ハンドブック2022」に収録した各社の生産能力が基準。各社ともそれぞれ得意とする分野が異なることが分かる。

■海外シフトの流れ／国内で大規模新増設は望みにくい

　表中の国内順位は主に国内生産能力を基準としたものだが、さまざまな理由から大規模な生産は海外に移管する流れがあり、国内の生産能力だけでは事業規模を計り難くなっている。例えば帝人は、2017年12月までに特殊品を除いてポリエステル繊維の生産をタイに移管している。人件費や土地の制約、電気代の高さなどを考えても、国内で世界に匹敵するような大規模設備を増やすのは難しい。需要家の海外シフトが進んでいる分野などについては需要に近い立地が適しているという事情もある。大まかに、国内生産においては主に国内向け製品のほか、高付加価値品や新規開発品に注力する傾向があると言えるだろう。

■世界大手化学メーカーの規模

　海外ではオイルメジャーと呼ばれるサウジアラムコやエクソンモービル、シェル、ＢＰなどの石油系資源・エネルギー企業が活動しており、アップストリームの資源開発・採掘とダウンストリームの石油精製事業でオイルビジネスを展開している。このうち石油精製のさらに川下に位置するのが石油化学事業で、これらオイルメジャーは各々の子会社で石化事業も展開している。その一方で、アジアではSINOPEC（中国石油化工）とCNPC（中国石油天然ガス）が精製・石化を手掛ける数多くの傘下企業を抱え、売上高ではともに4,000億ドル超と、同じく4,000億ドル級のアラムコをやや上回る規模を誇る。日本の石油精製トップはＥＮＥＯＳだが、11兆円企業とはいえドル換算すると2021年実績比較で986億ドルに留まるため、それより４倍以上も大きいスケールだ。

　これらオイルビジネスに比べると、これより一ケタ小さい規模となるが、グローバルに化学事業を展開しているのが表記の大手化学メーカーである。2021年実績でトップはドイツのＢＡＳＦ、２位は化学品セグメントの事業規模を明らかにしているシノペックが同社を猛追、３位はエチレンで長らくトップ能力

を誇っていたダウ(2019年4月にダウ・デュポンから分離独立)
で、これらトップ3は前年と異動がなかった。4位のSABICは、
2020年6月にアラムコから買収された(株式70%を取得)が、引
き続き石油化学事業を任されている。これら4社のうち、ＢＡ
ＳＦを除く上位3社が年産1,000万トン以上のエチレン生産能
力を有するが、ＢＡＳＦは基礎原料の比重が小さくても欧米ト
ップの売上高と利益率を誇る優良企業だ。もちろん、ウレタン
原料のＴＤＩでトップ、ＭＤＩでも2位とイソシアネート製品
では世界一だし、ナイロン樹脂でも2020年1月にソルベイから
同事業を買収する前から世界一、アクリル酸も首位だ。ＰＰで
トップのライオンデルバセルは5位に入り、ＨＤＰＥでもエク
ソンモービル・ケミカルに次ぐ2位、ＬＤＰＥでは4位と、世

■世界大手化学メーカーの売上高比較

	会社名	2020年	2021年	備考・主力製品ほか
1	ＢＡＳＦ	59,149	78,598	イソシアネート・ナイロン樹脂・アクリル酸で首位
2	ＳＩＮＯＰＥＣ	53,859	78,373	化学セグメントの売上高、エチレン1,570万t能力
3	ダウ	38,547	54,968	エチレン1,480万t能力、ＬＤＰＥやＰＯで首位
4	ＳＡＢＩＣ	31,190	46,640	エチレン1,335万t能力、ＭＥＧで世界一
5	ライオンデルバセル	27,753	46,173	ＰＰで世界一、ＨＤＰＥで2位、ＬＤＰＥで4位
6	ＩＮＥＯＳ	24,802	40,032	フェノールやＡＮ、ＰＳで世界一
7	ＬＧ化学	25,474	37,253	韓国の化学でトップ
8	三菱ケミカルＨＤ	30,213	35,893	日本でトップ、ＭＭＡで世界一
9	住友化学	21,211	24,958	日本・シンガポール・サウジに石化拠点
10	台塑石化	14,489	22,298	台湾の石化でトップ～ただし石油売上高も含む

単位:100万ドル(年間平均レートで算出)　(注)日本企業は年度売上高でＩＦＲＳ基準　(小社調べ)

界最大のポリオレフィンメーカーといえる。また事業買収によって急成長してきたＩＮＥＯＳは、前年の８位から６位に上昇、ＬｉＢなど電池・エレクトロニクス関連事業の積極的な事業拡張を続けている韓国のＬＧ化学も売上高を急増させている。

　日本の化学企業トップの三菱ケミカルグループは、MMAでも世界一の規模を誇る。売上高には三菱ケミカルや日本酸素ＨＤ（大陽日酸）、田辺三菱製薬などを含むが、メイン企業である三菱ケミカルのうち、石化／炭素事業を2023年度以降にカーブアウトさせる方針。市況に大きく左右されやすいコモディティ製品からスペシャリティ素材企業への変革を図る狙いで、売上高の規模拡大ではなく利益（付加価値）の拡大を追求する。日本・シンガポール・サウジに石化拠点をもつ住友化学もライフサイエンス（医薬品・健康・農薬関連）や情報電子化学事業の拡張に軸足を置いている。

　なお、表のランキング10位に入った台湾最大の石化企業である台塑石化は、300万トンのエチレン生産能力を持つセンター企業で台プラグループの一員。同グループ創始会社の台湾プラスチックを始め、南亜プラスチック、台湾化学繊維ほか内外のグループ各社の売上高を全て合わせると、2021年で889億ドル（前年は591億ドル）もの規模になる。

■群雄割拠する日本の化学業界

　日本の化学メーカーと世界の化学メーカーを比べてみると、規模の差は歴然だ。ダウとデュポンの統合（2017年統合時の売上高は860億ドル規模）をはじめとして、特に欧米では大手メーカーへの集約が進み、中東や中国においても石化プラントの肥大化が止まらない。これに対し、日本は多数のメーカーが独立を保っている。さぞ激しく競合しているかと思えば、必ずしもそうではない（もちろん完全に競合する分野もあるが）。

　日本の化学メーカーは、規模とは別にそれぞれ"色"を持っている。その色は、各社のルーツや注力してきた分野によって様々で、今後目指す方向性も各社各様と言っていい。この各社特有の色を混ぜたとして、別の良い色になるとは限らず、かえって特色を薄めることにもなりかねないだろう。例えば代表的な汎用品と思われがちなポリオレフィンでさえ、日本の場合は各社の色が加えられた差別化品の比率が高く、紙面で「汎用のポリオレフィン」などと一括りにされることを嫌う業界関係者も多い。

　とはいえ、川上の石化設備（ここでは特にエチレン設備のことを指す）となれば規模の大きさが競争力に直結する。エチレ

ンで100万トン超が世界基準になる中、将来的には国際競争力の観点から国内でも100万トン以上のクラッカーに集約すべきとの指摘もあり、統合のあり方について議論していく必要はあるだろう。ただし、あくまで主戦場は各社がそれぞれ戦略分野と位置づけるスペシャリティの領域であり、クラッカーの集約は戦略分野の競争力を底上げするための手段に過ぎない。

■日本の化学業界が進むべき道は

　「単に企業規模の大小でみるのは適切ではない」。こう語るのは、2020年当時日本化学工業協会の会長だった淡輪敏・三井化学会長だ。淡輪氏は、かねてから合従連衡は事業内容によってメリット・デメリットが出てくると論じてきた。一般論として、石化・基礎化の分野は規模の大きさが競争力の強さに繋がるが、日本の化学メーカーは高い技術力を武器に付加価値や機能性、特殊性で勝負している。淡輪氏は「単純に海外勢と規模を比較して日本の化学メーカーが劣後しているという議論は誤り」と指摘し、「むしろ、これだけの数の化学企業が存続できているのは、それぞれが独自の分野に経営資源を集中し、独自に生き残りを図ってきたことが背景にあり、逆に体質的に強い構造だ」との考えを示す。

　また、同じ2020年当時に石油化学工業協会の会長だった森川宏平・昭和電工(現レゾナック)会長は「日本の石油化学業界が規模の面で世界と戦っていくのは不可能」と語る。「海外勢は例えば『累積で10兆円も投資したからには簡単に他社は追いつけないだろう』といった投資競争をしており、日本企業はそういう戦い方をしてはならない」との考えだ。日本の化学産業は、大量生産・大量販売というビジネスモデルから早々に脱却し、それから20年以上かけて、他社が作りにくいものを作るということを追求してきた。欧米や中東・中国勢に規模の戦いを挑んでも勝ち目はなく、「我々がするべきは、彼らが来たがらない土俵で戦うこと。全ての企業が目指している高機能化や高付加価値化で勝負し、バルク(標準的な化学反応で大量生産できる化学物質)では勝負しないことが原則だ。今まで20年間やってきたことを信じて、これからも進んでいくべきだろう」と主張する。日本の化学業界が進むべき道は、両者の言葉に集約されている。

国産ナフサやエチレン価格はどう決まる？
－国産価格は輸入価格次第／エチレンはナフサ連動－

　2021年から2022年にかけて、諸物価の高騰が著しかった。原油の高騰やプラントトラブル、天災などに起因する食糧逼迫、パンデミックに起因する物流網の停滞など、価格高騰の要因が重なってしまったわけだが、ここでは石油化学製品の値上がり要因となるナフサ価格がどのように決まっていくのか、問い合わせも多かったので、改めて解説したい。

　まず、ナフサ価格が原油価格に連動することは論を待たないが、日本では過去の特殊事情（後述）もあって、必要量の過半を占める輸入ナフサの価格を基準に国産ナフサの価格を決めるルールが導入されている。その決め方は、四半期（3カ月）平均の輸入ナフサＣＩＦ（輸出国での本船渡し価格に日本までの運賃と保険料を加えた）価格にkL当たり2,000円の諸経費（金融費用や貯蔵費等）を上乗せした値段となる。例えば、2021年10－12月期では、この3カ月間に輸入した海外産ナフサの通関金額である4,216億6,033万円を輸入量の718万7,531kLで割ったkL当たりの平均単価5万8,666円に2,000円を加えた6万700円（百円単位で四捨五入）が2021年第4四半期の国産ナフサ価格となる。

　日本の石化産業は、必要とするナフサの７割を海外品に依存するバランスの上に成り立っているが故に、産出する石化製品の価格もコストの大部分を占めるナフサ価格の国際動向に大きく左右される性格のコモディティ商品を手掛けざるを得ないといえよう。もちろん、石化各社はナフサ以外の原料確保についても検討し、備蓄体制を整えてはいるが、結果的には使い勝手の良いナフサに依存してきたという歴史がある。21世紀に入ってからの20年間の実績を振り返ってみても、単純平均で95.7％という依存度（最低92.5％〜最大97.5％）は世界でも類を見ないほど高い。

■エチレンやプロピレン価格の決め方は？

　一方、ナフサを分解して得られる石化基礎原料のエチレンやプロピレンなどの価格は、国内でどのように決まるか。これらのフォーミュラは単純で、国産ナフサ価格の変動幅にリンクして上下する。ナフサがkL当たり1,000円動けば、オレフィン（注：ブタジエンを除く）はkg当たり２円の幅で動く。計算式は、ナフサ価格の差額分÷1,000×２となる。ただし、ベースとなる価格（絶対額）は明らかにされない。基礎原料価格の上下動の幅が誘導品（の原単位換算）価格に波及していく。もちろん、こ

れは原料部分のみのコスト変動なので、燃料代など他のコスト変動要因も加味される。

　例を挙げると、2021年第4四半期国産ナフサ価格はkL当たり6万700円だったが、その前の第3四半期（7－9月）価格の5万3,500円より7,200円高かったため、エチレンとプロピレンはそれぞれkg当たり14.4円上昇する。計算式は、ナフサ価格の差額分÷1,000×2となる。（注：ブタジエンは市場が小さく、原料価格以外の要因でも値が動きやすいので、この計算式は適用されない）

■2年で国産ナフサ価格が47％アップ
　　　　　　　　　　／5四半期比では倍額に上昇

　さて、階段状グラフに2年余りの輸入ナフサと国産ナフサの価格推移を示してみたが、新型コロナ禍が始まった2020年春の原油大暴落後、後半からの油価回復に連れ、ナフサ価格も上昇の一途を辿ってきた。原油価格が最安値（バレル24.55ドル）となった2020年6月に絡む第2四半期（4－6月）の国産ナフサ価格はkL当たり2万5,000円だったが、その後6四半期にわたって値上がり続け、2021年第4四半期には合計3万5,700円の値上がり幅にまで拡大した。単純計算では2.43倍増にもなるが、

■ナフサの国産価格と輸入価格推移＜円建て＞

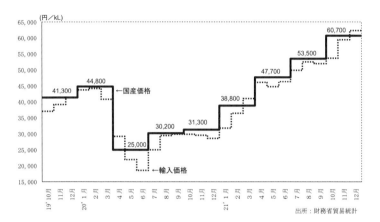

出所：財務省貿易統計

■原油とナフサの輸入価格推移＜ドル/バレル＞

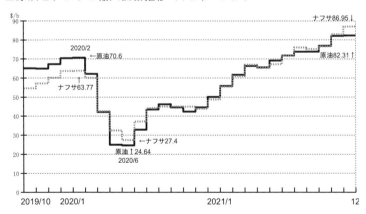

5四半期前の2020年第3四半期対比では2倍、2年前の2019年第4四半期(4万1,300円)対比では1.47倍という水準。この間の頻繁な値上げ交渉の理由の一つに、このような背景があったことを留意しておく必要がある。

■日本の特殊事情とは？

なお、日本の国産ナフサ価格が輸入価格を基準に値決めされるようになった背景について簡単に触れておく。かつて、日本では石油業法によりナフサなどを含む石油製品の輸入は石油精製業にしか認められていなかった。このため、クラッカーを持つ石化各社は精製会社からナフサを購入するしかなく、海外の競合石化各社に比べて割高となっていた原料代に苦しんでいた。二度の石油ショックによる原油価格の上昇を経て、石化vs精製のナフサ価格交渉が難航し、当時「ナフサ戦争」と称されるほど激しい応酬が続き、政府も早期解決に乗り出した。その結果、課税問題等の解決も合わせて交渉が進められ、化学系石化7社で設立した石化原料共同輸入会社が輸入権を獲得、海外のナフサを国際価格で調達できるようになった経緯がある。kL当たり2,000円の諸経費を上乗せして国産ナフサ価格を算出するようになったのは、1983年4月(それ以前の10カ月間は2,900円を上乗せ)以来である。

エチレン・プロピレン〜主要石化製品の要
－日本は内需頭打ちで生産拠点集約／ＰＥ・ＰＰが主用途－

　エチレンはエチレンモノマーとも言い、「プラスチック産業の米」と呼ばれる最も需要かつ一番大量に作られる基礎原料だ。エチレンから作られる代表的な製品には、エチレンモノマーをポリマー化することで作られるポリエチレン（ＰＥ）がある。一方のプロピレンも重要なモノマーであり、基礎原料の一つ。例えばプロピレンをポリマー化すると、ポリプロピレン（ＰＰ）が作られる。そのほかにも、プロピレンモノマーとほかのモノマーを組み合わせることによって様々な製品の製造に繋がっていく。なおエチレンとプロピレン（とブタジエン）を合わせて「オレフィン」（不飽和炭化水素）と呼ばれることも多い。

─── 【Ｑ＆Ａ】モノマー／ポリマーって何？ ───

　あらゆる化学物質は分子の集まりだが、モノマー（単量体）はその物質を構成する分子が単独で存在するもの。ポリマー（重合体）はその分子がつながったものだ。例えばエチレンは C_2H_4。ポリエチレンは $(C_2H_4)n$ で表される。触媒の存在下でモノマーに高温・高圧をかけることでポリマーが作られる

■エチレンとは？〜その使われ方や特性

　リンゴなどが熟する過程で発生する「エチレンガス」という言葉を聞いたことがあるかもしれないが、産業に使われるエチレンは、このホルモンガスと物質的には同じものだ。世界中で排出される74%が植物由来、残る26%が人為的に作られたエチレンと言われ、もちろん石化産業では人為的に作られたエチレンが使われる。昔は麻酔薬の一つとして使われたこともあったようだが、量による毒性は高く、高圧ガス保安法では毒性ガスに分類されている。加えて、取り扱いに厳重な注意が必要な化学物質でもある。エチレンは非常に可燃性、引火性の強いガスであるため、製造したエチレンは簡単には運搬できない。そのため、エチレン設備の周囲に多様な誘導品（エチレンを主な原料とする製品）の設備や企業が集まってコンビナート（企業集団）を形成し、高圧でしっかり（爆発しないよう）制御されたパイプラインで原料をやり取りしている。ただし、マイナス103℃という極低温で液化したうえで、堅牢な冷凍タンクを備えたエチレン運搬船であれば、コストはかかるが長距離輸送も可能だ。実際、2021年には日本から68万トンのエチレン（生＝なまエチレンともいう）が輸出され、8万トンが輸入された。

■エチレン／プロピレンの製造法

　国内では一般的に、原油由来のナフサに水蒸気を加え、熱分解することでエチレンやプロピレンを製造する。その設備はナフサクラッカーと呼ばれ、国内で現在は12基が稼働している。ナフサクラッカーでエチレンを作ると、連産品としてプロピレンやもっと炭素数の多い不飽和炭化水素なども製造される。

　しかし、原料はナフサに限らない。日本では全てがナフサクラッカーだが、中国では豊富な石炭資源由来のメタノールを原料とするMTO(メタノールtoオレフィン)という設備が多く建設され、アメリカではシェールガスに多く含まれるエタンを原料としたエタンクラッカーが主流。現状では主にこの3種類のエチレン生産設備が世界で稼働している。

　いずれの設備でも、熱分解によりエチレンやプロピレンを得るという点では同じだ。ナフサクラッカー(ナフサ分解)ではナフサを800℃以上の高温で熱分解して分解ガスを発生させ、急冷した後、蒸留温度の違いによりエチレンやプロピレンを分離していく。ナフサクラッカーではだいたいエチレンが25〜30%程度、プロピレンが15〜20%程度製造される。MTOではエチレンとプロピレンがほぼ半分ずつ。エタンクラッカーではほとんどエチレンしか製造されないという特徴がある。

■ナフサクラッカーの仕組み

1. 分解系の基礎

　分解炉の働き（目的）：炭素数がC_5〜C_9程度のパラフィンであるナフサを熱分解し、エチレンやプロピレンを中心としたオレフィン類を得るための装置。

　パラフィン：直鎖状の炭化水素で、二重結合が
　　　　　　ない〜C_nH_{2n+2}

　-C-C-C-C-C-C…

　オレフィン：直鎖状の炭化水素で、1カ所に
　　　　　　二重結合がある〜C_nH_{2n}

　　　　　　C_4以上には異性体がある

　C-C=C-C-C、C-C=C（プロピレン）

　　　　　　なお、一般的にオレフィンといえば

　C_2（エチレン）〜C_4（ブテン）を指し、C_5以上は

　α（アルファ）オレフィンと呼ぶ

　ナフサが分解炉中のチューブを通過する時間は1,000分の数秒（ミリセカンド）程度と一瞬であり、これ以上時間がかかると分解が進み、例えばエチレンがメタンになってしまう。

分解炉

（ファーネス）

炉内温度1,000℃

→

ナフサ

ナフサ自体は820〜850℃程度に加熱される

→

FUEL

（メタン）

§≈§≈§≈§〜バーナ〜

★ナフサ分解の２つの偶然

①分解炉のバーナーの燃料：ほとんどがナフサ分解で得られたメタンを使用する。ナフサ分解では投入ナフサの17％程度がメタンとなる。

一方、ナフサ分解で必要な単位燃料(エネルギー原単位)はエチレン１kgを生産するのに5,500kcal程度（5,500kcal/kg）。これが、偶然にも生産されるメタンの熱量にほぼ等しくなる。

②エチレン（C_2）が最も多く生産される：ナフサの熱分解では、パラフィンの炭素結合のうち、なぜか端から２番目の鎖がもっとも切れやすい。

従ってC_2が最も多く生産される。ただし、同じC_2なのに、エチレン（二重結合有り）の方がエタン（二重結合なし）より多く生産される理由は不明。

◇例：C$_7$のパラフィンが 2 つのエチレンと 1 つのプロピレンになる場合のモデル

C-C-/C-C-C-C-C　→　C=C　C-C-/C-C-C

→　C=C　C=C　C=C-C

★運転条件

　エチレン設備は通常、主産物であるエチレンの得率が最大となるように設計されており、ナフサの性状にもよるが、通常投入ナフサ（重量ベース）の約30％がエチレンとなる（逆に言えばエチレンを 1 得るのに3.3倍のナフサが必要となる）。エチレンの得率は、上記の説明からも分かるように、分解温度や炉内の対流時間などに大きな影響を受ける。

　今日、日本の多くのコンビナートではプロピレンが大幅な不足ポジションとなっており、投入ナフサに対してプロピレンの得率を最大にする運転を選択するケースがある。プロピレン得率を上げるときは分解温度を下げるため、こうした運転をマイルド・クラッキング（マイルド運転）と呼ぶ。これに対し、エチレンの得率を最大にする場合はシビア・クラッキングという。

　分解炉は過酷な条件の下で運転されており、とくに分解用チューブ（パイプ）などは消耗品となっている。時には炉の内壁のレンガが崩れてしまうこともある。

　分解炉のコストダウン対策は基本的に、如何に少ない燃料で生産できるか、にかかっており、要するに熱効率(エネルギー原単位)を上げるという作業になる。抜本的な対策としては炉1基の容積を大きくする(分解炉の大型化)による熱効率の向上がある。ただし、大きくすればそれだけデコーキング(チューブ内壁面にこびり付いたススを除去する)作業や休止ローテーションが難しい、といった問題点も生じる。そのほか断熱性の向上(内壁の改良)、輻射熱の利用(反射板の設置)などがある。

2．冷却系の基礎

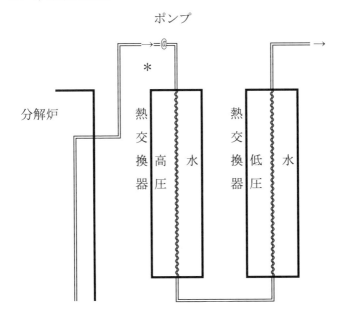

①熱交換器による冷却

　分解炉でナフサを各留分に分解した直後に、クエンチ(オイル)タワー＊と熱交換器で冷却する。すぐ冷却しないと期待以上に分解が進んでしまうからだ。熱交換器による冷却とは、要するに水による冷却で、このセクターで常温まで冷却する。ただし一気に冷却するのではなく、圧力による水の沸点の違いを利用して何基かの熱交換器を通すことにより徐々に冷却する。

　＊印(45頁図)の部分でクエンチタワーを経由する。

②コンプレッサーによる冷却

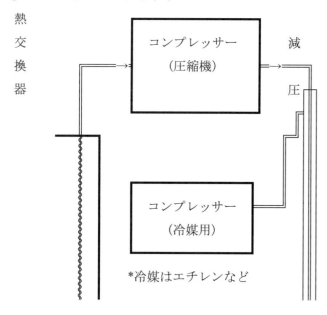

熱交換器

コンプレッサー
(圧縮機)

減圧

コンプレッサー
(冷媒用)

*冷媒はエチレンなど

　熱交換器により常温まで冷却された留分は、次にコンプレッサーに送り込まれ、一気に-100℃以下まで冷却される。これは、全ての留分を一度液体にする必要があるため。カーボン数が小さい留分ほど沸点が低く、ちなみにエチレンの沸点は-103℃である。なぜ液体にする必要があるかと言えば、気体は圧力をかけるのが難しいなどハンドリングが難しいため。

　コンプレッサで圧力を加えた各留分を一気に減圧することにより、一気にマイナス100℃以下に冷却する。

　なお、エチレン設備には冷却用のほかに、冷媒用を送り込むためのコンプレッサーもある。

３．精製系の基礎

・分解系で分解され、冷却系で冷却された各留分は、精製系に送られる。

・精製系では混ざり合った各留分を沸点の違いを利用して分離し、製品として回収。

・精製の様子は図の通り。各留分ごとに専用のタワーがあり、エチレンプロピレン…と、軽い留分から順に、より背の高いタワーで精製される。つまり、一番背の高いのがエチレン分留塔。

・各タワーは、何段かに仕切られており、上の段に進む度に純度が高くなる。重い留分は、いずれかの段で液体となり下に落ちる。

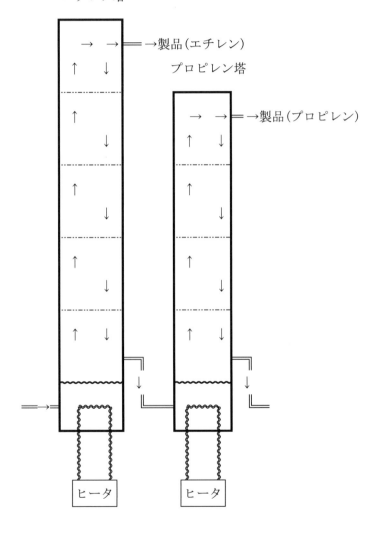

エチレン塔

→製品(エチレン)

プロピレン塔

→製品(プロピレン)

ヒータ

ヒータ

・留分の交換が多いほど(下に落ちる量が多いほど)最終的な純度が高まる。従って、製品を全く抜き出さない場合が、最も最上段での純度が高い状態となる。しかし、製品を抜き出さないさないと意味がない。この辺りの兼ね合いがノウハウとなる。

・なお、精製系で必要となるエネルギーコストは、全体のコストからみて微々たるものであり、エチレン設備で消費されるエネルギーの大半は分解系における燃料(エタン)である。

・タワーは目詰まり等のトラブルが起きるため、予備のタワーを設置しているケース有り。

■原料により異なる分解留分の得率

　各種分解留分の得率を見れば分かるように、エチレンだけが欲しい企業はエタン分解が最適だが、原料エタンのハンドリングには難がある。北米のようにパイプラインで直接エタンガスを受給できるメーカーは有利だが、欧州や中国企業のように液化したエタンを北米から輸入せざるを得ない場合は対ナフサとのコスト差メリットが小さくなってしまう。

　最もバランスよくエチレンやプロピレン、ブタジエンなどが得られるのはナフサ。それらの得率は運転条件の変更によってある程度変えることが出来る。また軽質か、重質かというナフサの成分によっても得率が変わってくる。ナフサ分解が主力だ

が、もう少しエチレンが欲しい場合はブタン分解を組み合わせる。プロピレンも欲しい場合はプロパン分解を組み合わせるか、マイルド運転（分解温度を820℃程度に下げる）にシフトする。もっと大量にプロピレンが欲しい場合は、現状ではＰＤＨ法が主流。かつて流行ったメタセシス法は、そのコンビナート内で両原料が余っている場合に限られる。

　ＭＴＯ法はメタノールを安価に手当てできないと優位性を発揮できない。しかも芳香族留分は得られない。このため、安価な石炭を産出する中国では石炭ガス化によるＣＴＯ～ＭＴＯ法の工業化が続出したが、プラント建設コストなどは高く付く。中には輸入メタノールを前提とするＭＴＯプラントも多数ある。

■各種原料による分解留分の得率

留分＼原料	エタン	プロパン	ブタン	ナフサ
メタン	3	25	20	13～17
エチレン	54	37	40	27～33
エタン	35	4	4	3～4
プロピレン	1	12	16	14～17
プロパン	0	6	0	0.3～0.5
ブタジエン	1	4	4	4～5
ブテン	0	1	2	4～6
ブタン	0	0	5	0.2～0.8
芳香族	0	4	3	10～11
その他	5	6	7	13～16
合計	100	100	100	100

単位:wt%　ナフサは成分によって得率が異なる

┌─ **【Q＆A】原単位や収率って何？** ─────

　原単位とは、ある物質を製造するのに必要な原料の割合を指すもので、例えば、酢酸を１トン作るのに必要なメタノールの量はほぼ0.55トン。これは両製品の分子量から計算した理論原単位である0.5333…より1.03倍強ほど多い量で、この場合の収率は0.5333…÷0.55で96.97％となる。収率100％は現実的にあり得ないが、メタノールの使用量が0.5333…トンへ減っていくほど収率は100％に近付く。

　なお、得率と収率は似たような表現だが、例えばエタンクラッカーに130万トンの原料エタンを投入し、100万トンのエチレンが得られた場合は、得率が77％だったと言う

└───────────────────────

★ｅクラッカーのデモプラントが2023年に登場

　なお、ナフサ分解のメリットは、欲しいオレフィンの得率を運転条件によって変えることが出来るだけでなく、分解炉の熱源を自前で賄える点も大きい。つまり、ナフサ分解の結果出てくるオフガス（ほとんどがメタン）を炉の燃料として使用すると、加熱に必要な熱カロリーが丁度見合う（外部から燃料投入する必要がない）という極めて恵まれた「偶然」が享受できるのだ。最近話題になった熱源を再生可能エネルギー由来の電力に置き換えるという「ｅクラッカー」は、どう評価されるのだろう。

　2022年9月、ＢＡＳＦ、ＳＡＢＩＣ、リンデの3社は、世界初となる大規模な電気加熱分解炉（eクラッカー）のデモプラント建設に着手した。この設備は、天然ガスの代わりに再生可能電力を熱源に用いるもので、従来の技術と比較してＣＯ₂排出量を90％以上削減することができる。今回、独ルートヴィッヒスハーフェンにあるＢＡＳＦの統合石化拠点（Verbund）に設置し、2023年中の稼働開始を目指す。

　計画では2種類の加熱方式をテストする方針で、1時間に4トンの炭化水素原料を処理するとともに、6MWの再生可能エネルギーを使用する。チューブの周囲に配置された発熱体の放射熱を利用し、850℃まで加熱する。ＢＡＳＦとＳＡＢＩＣが共同投資し、ＢＡＳＦがデモ設備の運用を行う。ＥＰＣ（設計・調達・建設）をリンデが担当し、完成した技術を将来は商業化する。同設備の開発を支援するため、ドイツ連邦経済・気候保護省から「Decarbonization in Industry」資金プログラムの下で1,480万ユーロの助成を受けている。

　これに先立つ2021年6月、ダウとシェルはeクラッカーの開発に関し、オランダ政府からＭＯＯＩ（Mission-driven Reseach, Development and Innovation subsidy）スキームに基づく助成金を獲得した。融資額は350万ユーロ（420万ドル）。この資金をもとに、蘭テルネーゼンで2025年操業開始を目指す数メガワット級のパイロットプラントを建設する。また、オランダ応用化学

研究機構（ＴＮＯ）およびサステナブルプロセステクノロジー研究所（ＩＳＰＴ）が新たに共同開発プロジェクトに参画することになっている。このコラボレーションにより、短期的には開発の加速を目指すとともに、長期的視点では技術的ブレークスルーに向けた布石とする狙いである。

【Ｑ＆Ａ】 "エチレン分解炉" と呼ばないで

最近、分解炉（クラッカー）のことを "エチレン分解炉" と呼ぶ人が増えているが、この略し方は間違いだ。正確には「エチレン製造用分解炉」と言うべきで、前者のままだと "エチレンを分解する炉" という意味になってしまい、何てことをするクラッカーだとなる。この呼び方は海外誌が使い出したことで日本でも広まってしまったわけだが、シェールブームのお陰でエタン分解専用のクラッカーが大量に登場してきたことで、従来のナフサクラッカーという呼び方では齟齬が出てきたことに由来する。そこで、原料は何であれ、エチレンをメインに製造する分解炉であるのだから、エチレン（製造）プラントまたはエチレン設備と呼べばよいものを、"エチレンクラッカー" と海外誌が書き出した。それを読んだ日本の大手化学系企業の社長までもがエチレン分解炉と云い出したことに起因している。どうか、エチレンを分解してしまう呼称を止めていただきたい

＜このページは理論派用〜読み飛ばしても構いません＞

■ナフサのクラッキング比

・エチレンを100作るのにナフサ（比重0.7）は3.3倍ほど必要

☆分留物

メタン：17——→全量、分解炉バーナーの燃料に利用（必要量に丁度合致）

エタン：5————→エタン分解炉でエチレン：4に↓

エチレン：25　　　　　　　　　　　　　25＋4＝29

プロピレン：17

C_4：11→ブタジエン4／イソブチレン／ブテン1／ブテン2／ブタン→分解炉へ　└→エチレン能力の14〜15%程度が

C_5＋アロマ：25　　　　　ブタジエンの抽出可能能力

C_3／C_2比＝17／25＝0.68

C_3／C_2比＝17／29＝0.59————→ブタン分解も加えると0.5に近付く

☆エタン分解しない場合、ナフサの投入量を増やせる：

ナフサ100×29／25＝116（16多く投入できる）

従って、プロピレンも17×29／25≒20（16×17%＝2.72）増加

ただし、この場合もC_3／C_2比＝20／29＝0.68

☆メタセシス（＝位置交換反応）技術（ルーマス法）：

C_2＋C_4→C_3×2

　以上、見てきたように、クラッカーで最もエネルギーを消費するのは分解用燃料のメタンであり、これが燃焼するとCO_2が発生する。ＣＮ（カーボンニュートラル）対応の観点から、エチレンセンターで最も多くCO_2を排出するクラッカーでのメタン燃焼を嫌って、メタンの代わりにアンモニア（NH_3に含まれる水素）を燃焼させる検討が進められている。

　しかし、メタンを使わないとなると、ナフサ分解の項で見た二つの偶然のうち、ナフサ分解で得られたメタンの量が分解に必要な燃料の量に一致するというエネルギー単位の整合性が失われることになる。しかも、有効利用できなくなるメタンの新たな利用法も検討する必要があるなど、幾多の困難が待ち構えている。

■クラッカーのカーボンフリー化は可能か

　2050年のカーボンニュートラル（ＣＮ）達成に向けた取り組みも待ったなしの様相を呈してきた。石化コンビナートの中で、最も多くCO_2を排出するのがクラッカー周りの設備だと指摘されている。この現状を改善するためには、2030年辺りまでに指針と具体化策を決め、実施に移さなければ間に合わない。も

ちろん、化学製品はサプライチェーン全体のＬＣＡ（環境に与える負荷の評価手法）で判断しなければならないので、川上工程の企業だけにＣＯ₂の削減投資負担を求めるのは不公平になってしまう。これは鉄やガラスなど他の素材にも当てはまることだが、その製品を使うことによって得られるトータルの利便性と環境負荷をどう評価し、解決策を見出していくかが問われよう。ともあれ、クラッカーのカーボンフリー化はどこまでが可能なのだろうか。

　クラッカーの熱源を化石エネルギーから再生可能エネルギーに切り替える「ｅクラッカー」の可能性について触れてみたい。これは分解炉自体は現状のままで、熱源を風力や太陽光などの再生可能電力に置き換えられるかどうかを模索するものだ。この手法に熱心なのは、風力発電の盛んな欧州で、ＢＡＳＦやシェル／ダウなどが実用化できるかどうかの研究を進めている。なかでもシェルとダウは、スチームクラッカーの熱源を再生可能電力に置き換える共同開発研究を2020年後半から本格化させたが、ラボレベルとパイロットレベルのプロセス技術を実証し、商業用クラッカーへのスケールアップを目指すのに今後数年間はかかる見通し。これはむしろ、外部からの燃料投入が必要なエタンクラッカー向けの手法として実用化を目指した方がよい

のかもしれない。エタンクラッキングではメタンの生成が少なく、投入エタンの54％がエチレンになるが、35％のエタンはそのまま分解されずに残るため、原料としてリサイクル投入されるからだ。

　これに対して、再生可能電力の確保が難しい日本において、ｅクラッカーの導入を考えているエチレンメーカーは存在しない。電力やメタンの変わりに考えている熱源はアンモニアだ。つまりアンモニア分子中の窒素原子と結合している水素を燃やすことで排出CO_2をゼロに近づけようとするものだ。窒素酸化物の発生を出来るだけ抑える技術開発によって、水しか排出しない手法に切り替えることが現実的だと見ているからだ。ただし、燃料として十分な量のアンモニアが確保できるのかという別の問題も残されている。

　もう一つの方法は、熱源をバイオ燃料などＣＮ型の燃料に置き換えること。しかし、後者は計算上ニュートラルになるというだけで、CO_2の排出量がゼロになるわけではない。これ以上、温暖化させてはならないという観点からも、実質的な排出量の削減が求められていくだろう。同様に、クラッカーは現状のままでCO_2を処理する手法として、排出されるCO_2を完全に回収して地中に貯留する（ＣＣＳ＝Carbon dioxide Capture and

Storage)か、回収・液化した後、炭酸塩として固定化し、セメントなどに利用する方法（ＣＣＳＵ：CCS with Utilizationの略で、出光興産／現ＵＢＥ／日揮グローバル等が2019年6月に研究会を設立）などもある。

　ただ、現状の「高温高圧プロセス」という熱分解や高圧下での反応・重合を伴う製法では、エネルギー多消費型という環境負荷の大きい産業構造からは脱却できない。そこでパラダイムシフトを図るには、再生可能な自然エネルギーで電気分解して得た水素とＣＯ₂から炭化水素化合物を合成する手法を目指すしかなくなってくる。その究極の形が光合成だ。あるいはバクテリアを利用する発酵法もそうだが、エネルギーを多消費することなく炭化水素化合物を合成するという、今の石化型コンビナートとは全く違った産業の姿をイメージしなければならない。ただし、実現までにはコストの問題と時間の問題など高いハードルが予想される未来の姿は、はたして現実的か。2050年までに間に合うのだろうか。

　わが国では分解原料にナフサを使用する石化センターが全てを占めている。もちろん、ナフサ以外の分解用原料も一定の割合で併用するが、その比率は極めて小さい。この現状を、日本

の原料手当が規定される立地条件と誘導品メーカーのニーズの両面から導き出された最適解と理解するほかはない。

　これらを踏まえた現実的な解決策の一手段として、ナフサに近い成分のバイオナフサを分解用原料に用いる手法が脚光を浴びている。すでに三井化学が大阪工場へ2021年12月に3,000トンのバイオナフサをを初投入、マスバランス方式でカーボンフリーの製品を製造し、完売した。同社は2022年にも3,000トンと5,000トンに分けて計1万トンを超えるバイオナフサを投入している。ただし、コスト的には割高となるため、顧客側の反応も見ながら今後も投入量を増やしていくことになる。

　この現実路線と究極の光合成や発酵法の間にあるのがeクラッカーと云えなくもないが、現状の製造手法よりは確実にコスト高となる問題は常に存在している。ＣＮ達成の手法となる新しい製造法の社会実装へのハードルは極めて高い。分解エネルギーを化石資源に依存しない製法を選んで行かざるを得ない情勢ではあるが、検討に値する手法をどう選んでいくのか、議論が分かれるところだろう。

■エチレン消費の行方〜最大用途はＰＥ

　エチレンが最も多く消費される用途はポリエチレン（ＰＥ）だが、これは密度（比重）の大小によって低密度ＰＥ（ローデンともいうＬＤＰＥ：比重が0.94未満）と高密度ＰＥ（ハイデンともいうＨＤＰＥ：比重が0.94以上）に分類されている。日本の場合、2018年当時の実績でエチレン消費量568万トンのうち41％に相当する233万トンがＰＥ向けに消費された。その内訳は、ＬＤＰＥ向けが144万トンで25％強、ＨＤＰＥ向けが89万トンで16％弱だった。なお、この量にＬＤＰＥ製造装置で併産できるＥＶＡ（エチレン酢ビコポリマー）向けは含まれていない。

　このＰＥのうち、一般によく目に付くポリ袋などに加工されるフィルムはどれくらいの量か。何れも2018年実績だが、ＰＥ需要のうちフィルム化されるのはＬＤＰＥ出荷141万トンのうちの45％に相当する63万トン、ＨＤＰＥ出荷82万トンのうちの19％を占める15万トンだ。ちなみに、プロピレン系誘導品として最も多く生産・消費されるＰＰ出荷240万トンのうち、20％の47万トンもフィルム向けに消費された。ただしスーパーやコンビニでの買い物に使われるレジ袋は、ほぼ全量がＨＤＰＥ製だ。その量は８万トン程度（日本ポリオレフィンフィルム工業

組合がまとめた出荷量で、組合員以外と輸入分を含む)と見られている。ちなみに、ごみ袋向けのフィルム出荷は、ＬＤＰＥ製・ＨＤＰＥ製を合わせて４万トン強で、ＨＤＰＥはその半分弱。その一方で、日本が輸入するＰＥ製の袋は毎年増加しており、2018年で4.5％増の59万トン近くに達した。その輸入品のうち、最も多いのは中国製で、39％(23万トン弱)を占めている。

┌─── 【Ｑ＆Ａ】レジ袋の消費量は何億枚？ ───
│　　日本の精確な消費量は分かっていない。色々な試算はあるが、決定打はない。かつて年間305億枚だ、いや450億枚だという数字が出回ったこともあるが、袋の大きさやフィルムの厚さ、つまり１枚当たりの重さによっても枚数がずいぶん異なってくる。ここでは、加盟会員が130社を超える日本ポリオレフィンフィルム工業組合が長年にわたって定点観測している重量トン数で論じた
└─────────────────────

■国内のエチレン生産体制～減少の一途か？

　日本にはエチレンセンターと呼ばれるエチレン工場が12カ所あり、先に説明したようにその周囲を複数の化学メーカーが取り囲み、コンビナートを形成している。しかし、実は以前は国内にエチレン工場が最大で17カ所あった時代もある。日本の経

済成長が頭打ちとなり、これ以上の需要成長が望めなくなった
ことから、また一部設備は老朽化も進んだことから集約の動き
が進み、住友化学の愛媛(1983年)、三井化学・岩国(1992年)、
三菱ケミカルの三重(2001年)の設備が停止し、直近では旭化成
の水島(2016年2月)、住友化学の千葉(2015年5月)、三菱ケミ
カルの茨城1号機(以前は2基体制、2014年5月)も停止した。
2021年当時のエチレン換算(注記)内需は年間で460万トン強で、
国内の能力は684万トン(定修スキップ年)。コンビナートによ
ってはエチレン、プロピレンともに余剰で、海外へ輸出してい
るところもある。また中国や米国をはじめ、世界中で100万ト
ン規模の大きなクラッカーが続々と立ち上がる中、1基当たり
の能力が小さい国内のクラッカーでは価格競争力の面でも課題
がある。今後はいかに国内の需給をバランスさせるかという観
点とともに、クラッカーの競争力をいかに向上させていくのか
という面でもさらなる施策が求められている。

　(注記)エチレン換算とは、エチレン系誘導品のエチレン消費
原単位を計算した上で、エチレンの生産・内需(消費)・輸出入
バランスを算出したもの。エチレンそのものの需給バランスを
計算したものではない。

ポリエチレン〜脱「汎用」進む最大の汎用樹脂
－国内全メーカーが特殊品にシフト／米国産品脅威論も－

　ポリエチレン（ＰＥ）は国内で最も生産量の多い樹脂で、ＰＰ（ポリプロピレン）と並び、最も汎用性の高い便利な樹脂として広く使われている。透明ポリ袋やレジ袋、洗剤用のボトル、バケツなどの日用品のほか、高機能用途では自動車のガソリンタンクなどにも使われ、非常に幅の広い用途を持っている。

■ＰＥの種類

　ＰＥは絡み合うポリマー鎖の密度によって、大きくは低密度ＰＥ（ＬＤＰＥ〜ローデン）と高密度ＰＥ（ＨＤＰＥ〜ハイデン）に分けられる。密度が低い（比重が0.94未満の）ＬＤＰＥは軽く、耐衝撃性や耐水性、耐薬品性に優れており、食品包装材や容器の蓋、農業用フィルム、緩衝材などが主な用途。一方の密度が高い（同0.94以上の）ＨＤＰＥは硬く、耐水・耐薬品性を持つほか機械強度に優れており、レジ袋や洗剤用ボトル、運搬用コンテナ、ガソリンタンクなどのほか、ブルーシートなどにも使われている。

　製法的に説明すると、ＬＤＰＥは原料のエチレン（モノマー）を1,000〜2,000気圧の高圧下で一気に重合させるため、重合し

たポリマー鎖が綿菓子状にふんわり絡み合うので高分子鎖間の空隙が多く生じ、このため高圧ＰＥとも呼ばれる。ＨＤＰＥはそれより一ケタ低い100〜200気圧の中低圧下でじっくり重合させるため、重合した高分子鎖同士が比較的接近できるので空隙が少なくなる。ＰＥが低密度になるか、高密度になるかの簡単な解説は以上の通りで、高圧法を使うためエネルギー多消費型となるＬＤＰＥプラントの方がＨＤＰＥプラントより建設コストが高く付くうえ、ランニングコストも高く付く。

　これに対して、密度がＬＤＰＥ並みながらＬＤＰＥのように高圧下で重合させる必要がなく、ＨＤＰＥ並みの中低圧下で重合反応が進む「第3のＰＥ」としてＬＬＤＰＥ（直鎖状ＬＤＰＥ）が登場。高圧ＰＥとＨＤＰＥの中間の性能を持ち、透明性と柔軟性、強靭性のバランスに優れる製造コストの安いＬＤＰＥとしてシェアを獲得した。近年では、低密度から中密度〜高密度まで自由に作り分けられる全密度ＰＥ（ＦＤＰＥ＝フレキシブル・デンシティＰＥあるいはＭＤＰＥ＝マルチ・デンシティＰＥ）の製造プラントまで登場するに至っている。

■ローデンとハイデンは「もやしと貝割れ大根」

　もう少し分かりやすい例を野菜で説明すると、パックに入ったもやしがローデン（ＬＤＰＥ）で貝割れ大根がハイデン（ＨＤ

ＰＥ）と仮定すればポリマー鎖の構造を理解しやすい。重合したポリマーの鎖を芽が出たそれぞれの茎と仮定すると、もやしはお互いの茎や根が湾曲して絡み合っているため袋に詰めても隙間が出来る。これに対して貝割れ大根は茎が真っ直ぐなので、束にしやすく密植した状態でパックに入れることが出来る。両者の密度差が低密度か高密度ということになる。このうち、貝割れ大根の茎に新芽が横から小枝のように出てきたとすると、束ねていた茎同士がハイデンほどには密着できなくなり、隙間が出来てくる。これがＬＬＤＰＥで、中低圧下で重合させても低密度となる理屈だ。

【Q＆A】ＬＬＤＰＥって何？

　ＬＬＤＰＥは、少量のαオレフィン（炭素分子が４つのブテン－１や６つのヘキセン－１、８つのオクテン－１）を共重合させたエチレンコポリマー（共重合体）で、エチレンのポリマー鎖に炭素数が４〜８程度の短い分子の枝がくっつくことで他の高分子鎖と密接できなくなり、高分子鎖に隙間が出来るので低密度になる。コストのかかる高圧法でのＬＤＰＥ製法に代わる中低圧でのＬＤＰＥ製法を探っていた当時のデュポン・カナダが世界で最初に事業化を果たした

　さて、このように密度が異なるため、同じ重量ならLDPEの方が嵩高で、値段もHDPEより1kg当たり数十円高くなる。もちろん、その時々の需給バランスや設備トラブルなどの状況変化によって両者の価格が逆転することもあるが、理屈としてはLDPE＞LLDPE＞HDPEの順に安くなりやすい。

■国内のPE変遷〜メーカー数が半減

　国内で一番乗りしたPEは三井化学（当時三井石油化学工業）のHDPE「ハイゼックス」で、日本初の石化コンビナート（岩国）の稼働とともに1958年に生産を開始した。当初の販売数量は月に150〜200トンと少量だったが、折からのフラフープブームの到来によって需要が急拡大し、年末にはフル稼働となる月産1,259トンに達した。一方のLDPEに関しては同年の住友化学（当時住友化学工業）の愛媛工場が最初だとみられる。

　機械的強度と透明性に特徴を持ち、「第3のPE」と呼ばれた直鎖状低密度PE（LLDPE）設備に関しては、1982年春における住友化学・千葉の設備が最初で、能力は2万5,000トンだった。LLDPEはその後、これを追いかけるように続々と新設備が稼働。年央には三菱油化（現三菱ケミカル）・鹿島、日本ユニカー（現ENEOS NUC）・川崎などが、1983年年初

には宇部興産（現ＵＢＥ）の五井、東洋曹達（現東ソー）の四日市、三井石油化学（現三井化学）の岩国で同設備が稼働した。

　こうして各社が積極的な設備投資を行い、最大時には14社までプレーヤーが増えた国内ＰＥ業界だが、世界で競争力のある新鋭設備が増加し、一方で国内需要も頭打ちとなる中で統合の動きが広がった。これによって1999年時点では９社、2010年までには現在の７社へと、ピーク時の半分までメーカー数が絞られた。2022年末現在の総生産能力は、ＬＤＰＥが120万トン、ＬＬＤＰＥが94万トン、ＨＤＰＥが110万トンとなっている。

■「汎用」ではないＰＥ～国内の全メーカーが特殊品を生産

　ＰＥは、流通量が多くて価格も安いことから一般的に「汎用樹脂」と認識されているが、国内では特殊な用途に使われるＰＥの開発が加速。今や全ＰＥメーカーの特殊品比率は各社とも６～８割に及んでおり、一口に「汎用」とは言えないような市場を形成している。中でも日本特有かつ身近な商品として、イージーピールフィルムが例に挙げられる。イージーピールはその名の通り、簡単に剥がせる（易引裂性／易剥離性）フィルムで、ヨーグルトやゼリーの蓋などに使われる界面剥離タイプや、アルミと貼り合わせてお菓子の包装等に使われる凝集剥離タイプ

などがある。使われるのはＰＥだけではないが（ＰＥＴやＰＰなども使われる）、代表的な特殊用途の一つだ。

そのほか、各社ともに強みは様々で、幅広い用途に特殊ＰＥを展開している。例えば日本ポリエチレンはガソリンタンク向けや洗剤ボトル向けといった中空成形用途で国内トップであり、プライムポリマーはメタロセン触媒によるＰＥ特有の強度や低臭気性、耐衝撃性などを生かした食品包装用途が強い。ＥＮＥＯＳ　ＮＵＣは電線被覆向け、東ソーはクリーン性を生かした医療用途が代表的な用途の一つ。住友化学はＥＰＰＥ（イージープロセッシングポリエチレン）という、強度と加工性のバランスに優れた製品を手掛けており、洗剤等の大型スタンディングパウチなどに使われている。

■設備投資の意思決定／中国や米国の設備はケタ外れ

近年のＰＥ市場では、数年にわたって需給軟化への懸念が燻ってきた。米国でシェールオイル／ガスという未利用の石油資源が採掘できるようになり、米国が従来の石油輸入依存国から、産油国・輸出国へと180度の転身を遂げたことにより、強気の米国化学メーカーは１プラントあたり60万トンを超える大規模なＰＥ設備を次々と建設した。彼らが狙ったのは世界最大市場

の中国だ。シェールブームが盛り上がった当初は、米国産品の輸出が始まると中国をはじめとするアジア地域で安いＰＥが溢れ、マーケットバランスが崩れるのではないか、という見方が大勢を占めた。日本のＰＥメーカーが従来以上に特殊品に舵を切ったのも、この懸念が背景にあったからだ。

　実際に2017年には米国でＰＥ新増設設備が続々と立ち上がり、「ファースト・ウェーブ」とも呼ばれたが、それらの設備が本格稼働し始める頃に米中貿易戦争(2018年３月頃〜)が勃発。中国が米国産ＰＥに高い関税を課したこともあって、実際には恐れたほどのバランス軟化は起こらなかった。もっとも、米企業は東南アジア諸国へＰＥを輸出し、その代わりに東南アジア諸国の自社工場から中国向けに迂回輸出を図ったとみられるため、影響はゼロではない。やはり需給バランスは弱含んでおり、東南アジア市況にもそれが反映されてきている。

ＰＰ〜使いやすく裾野の広い大型汎用樹脂
−90年代に再編が相次ぐ／近年はＳ＆Ｂ計画が進展−

　ＰＰ（ポリプロピレン）は、1954年にイタリアの科学者である
ナッタによって発見されたポリマーで、1957年イタリアのフェ
ラーラで工業生産が始まった（旧モンテカティーニ社）。それ以
来60年以上の長い歴史を持つが、今も非常に広範な用途に使わ
れ、機能性も進化を続けている。近年は軽量化ニーズの進展に
伴って自動車向けに採用が広がり、需要は年率５〜６％増と堅
調な成長を続けている。

■ＰＰの用途〜幅広い用途に使われる汎用樹脂

　ＰＰの最大の特徴は、その軽さにあると言っても良いだろう。
プラスチックの中で水に浮く（比重１の水よりも軽い）製品はＰ
Ｅ（ポリエチレン）とＰＰのみで、ＰＰはＰＥよりもさらに軽い。
加えて同樹脂は成形性に優れ、剛性や強度、耐薬品性も併せ持
つ。また延伸すると防湿性や透明性、機械的特性も確保できる
ことから、経済性が良く、かつ性能面に優れた樹脂として他を
凌ぐ大きなマーケットを構築してきた。

　使いやすい樹脂であるため裾野は非常に広い。用途は自動車

分野(内外装材)をはじめ、繊維やフィルム、産業用途、一般日用品、硬質包装容器、カーペット、スリットテープ(不織布バッグやカーペットの裏打ち材などに使われる)、ロープ、家電製品、医療用品―等々。中でもＰＰ単一材料として最も使われているのは繊維向けで、スパンボンド(吐糸口から溶融繊維糸を吐出することで布状に絡ませる)、メルトブロー(溶融ポリマーを押出機から専用のダイへ押し出しながら布状に絡ませていく)などの製造法が代表的。スパンボンド不織布は高強度、メルトブロー不織布は嵩高であることから、この２つを組み合わせた複合材は紙おむつなどに使われている。

■近年のＰＰの動向～紙おむつ用繊維向けに需要が伸長

　数年前には、日本への観光客急増によるインバウンド需要で国産紙おむつの需要が急増。これに伴って不織布用のＰＰも多くの量が出た。肌に直接触れる部分は嵩高でソフトな感触が求められるが、これを実現するには不織布の織りの技術に加え、ＰＰそのものの機能性も重要な要素。外国製の紙おむつとの品質差が生まれたのも、国産ＰＰの機能性が寄与するところが大きい。また直近では、新型コロナウイルス感染症の蔓延によりＰＰ製マスクの需要が増大。景気減退で他樹脂の市況が軒並み

下落する中、ＰＰはマスク向けの引き合いが強かったことから、中国市況が2020年４月半ばに上昇へ転換するなど、他とは違った動きを見せた。

　繊維以外では、冷凍食品用のトレイも高機能用途の一つとして伸びがみられる。ＰＰはＰＥと同様に汎用樹脂に分類されるが、ＰＥよりも耐熱性が高いことが特徴。さらに低温輸送時にも割れにくく、廃棄品を出しにくいという面で環境配慮の視点とも合致している。昨今は生活スタイルの変化や高齢化に伴う内食化、個食化のニーズも進展していることから、今後も継続した伸びが見込まれる。

■自動車向けに需要が増えるＰＰコンパウンド

　このように、ＰＰは便利な生活への直接的な貢献が際立つが、普段目に付きにくいところでＰＰが使用される割合が大きい。実は自動車用途が不織布やフィルムをしのぐＰＰの最大の用途になる。国内における用途別の需要実績(経済産業省素材産業課調べ、2018年実績)を見てみると、自動車向けが主力の射出成形用途が54％超と過半を占め、次にフィルム(21％)、押出成形(10％)、繊維(４％)、中空成形(１％)、フラットヤーン(１％)、その他(９％)―などとなっている。

■ポリプロピレンの需要比率

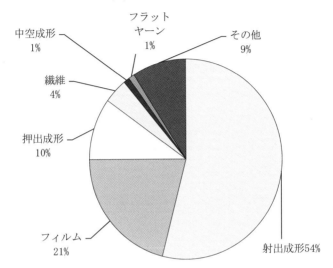

中空成形
1%

フラット
ヤーン
1%

その他
9%

繊維
4%

押出成形
10%

フィルム
21%

射出成形54%

　自動車向けには、ＰＰがそのまま(ニートレジンとして)使われるケースよりも、コンパウンドとして使われるケースが大半だ。コンパウンドという言葉は"混合物"を指し、ポリマー(ＰＰ)を溶融状態でその他の成分と一緒に混練されたもののことを言う。すなわちＰＰコンパウンドとは、主成分であるＰＰを着色したり、必要とする諸特性を満足させるため、他のポリマーや添加剤(通常は１％より低い濃度)、補強材などをブレンドしたもの(ＵＢＥ科学分析センター)のことになる。例えば自

動車の内装材にはガラス繊維強化ＰＰ（ＧＦＰＰ）という製品が使われている。細かなガラス繊維を混ぜ込んで（コンパウンディングして）補強されたＧＦＰＰは、エンジニアリングプラスチックに匹敵するくらいの機械的物性を目指して作られるもので、ＰＣ（ポリカーボネート）やＡＢＳ樹脂、ナイロンの代替素材として使われている。一方、自動車の前後に必ず装着されているバンパーのコア材として用いられるＥＰＰ（発泡ＰＰ）ビーズ向けにも大きな需要がある。かつては重いスチール製から軽いウレタン製に代わっていったが、より軽量で安価なＥＰＰにほとんどが切り替わっている。

■国内における設備の動向

　日本では1980年代前半にＰＰの新増設計画が目白押しとなった。当時、泉北ポリマー（三井化学，日本石油化学，旭化成の共同出資企業）や三菱油化、チッソ、三井石油化学、三菱化成などが新増設計画を推進。需給軟化の懸念により、当時の産業構造審議会の専門部会から「当面の間、一切増設計画は凍結するべき」という意見が出、実際に1983年から1988年までの５年間など、純増計画が認められなかった時期もあった。

■国内外のポリプロピレン業界再編の動き

1995/7	昭和電工と日石化学がポリオレフィン３樹脂で合弁会社「日本ポリオレフィン」設立
1995/7	三井石化と宇部興産が「グランドポリマー」設立
1995/10	東ソーがＰＰ事業撤退→チッソに事業譲渡
1996/5	三菱化学と東燃化学がポリオレフィン３樹脂で合弁会社「日本ポリケム」設立
1997/10	三井化学誕生(三井石化／三井東圧化学合併)
1999/3	旧日本ポリプロ(昭和電工／旭化成の合弁)が水島の6.4万tを停止
1999/6	昭和電工、モンテル、日本石油化学がＰＰ事業を「モンテルSDKサンライズ」に統合→2001/1「サンアロマー」に改称→2002/4浮島ポリプロを100%傘下に→2007/4浮島ポリプロを統合
2000/5	日本ポリケムが水島の4.2万tを停止
2000/9	日本ポリケムが四日市の４万tを停止
2001/4	出光石油化学とトクヤマが「徳山ポリプロ」を設立
2003/10	日本ポリケムとチッソが「日本ポリプロ」を設立
2005/4	三井化学と出光興産が「プライムポリマー」を設立しポリエチレンとＰＰ事業を統合
2007年～2020年	住化・千葉７万t停止、日本ポリプロ・鹿島で30万t増設し、川崎13.8万t停止、サンアロマー・大分６万t増設、宇部ポリプロ９万t停止、日本ポリプロ・鹿島９万tと五井7.9万t停止、プライムポリマー・市原9.7万t停止、日本ポリプロ・川崎8.9万t停止、五井11.56万t停止し、15万tにＳ＆Ｂ、鹿島10.6万tを停止

　1990年には、14社・220万トンの設備が稼働するに至ったが、90年代にはなお新増設が進むと同時に再編の動きが加速。94年の旭化成によるＰＰ事業撤退(昭和電工への譲渡)に始まった再編は、同年10月の三菱化学誕生(三菱化成と三菱油化の合併)、95年６月の昭和電工と日本石油化学による日本ポリオレフィン(ＪＰＯ)の発足、同７月の三井石油化学と宇部興産のＰＰ事業

統合によるグランドポリマー設立、同10月の東ソーのＰＰ事業撤退と続き、わずか１年あまりの間にメーカー数は14社から９社に集約され、その後96〜97年にかけても再編が進み、1998年時点では７社・292万トン体制となった。

その後、2020年９月時点の国内ＰＰ生産体制は、４社で290万9,800トン。最近では15年ぶりに新設が実現し、日本ポリプロ（日本ポリケム65％／ＪＮＣ石油化学35％出資）が五井工場（千葉県市原市）で2019年10月に15万トン設備を稼働させた。その一方で2017年４月に五井の11万5,600トンを停止したのを始め、2020年４月に鹿島工場（茨城県神栖市）の10万6,000トン設備を、2021年１月には五井の７万トン設備を停止するなど、スクラップも推進。老朽化した設備から高効率な設備への転換を図ると同時に、生産能力自体は縮小される傾向にある。2021年末時点の国内生産体制は、４社で273万3,800トンまで縮小した。プライムポリマーもまた、11万トンの老朽化設備を停止して20万トンの新設備を2024年11月に建設するスクラップ＆ビルド計画を進めており、動向が注目されている。

ＰＶＣ〜建築・インフラを支える汎用樹脂
－マテリアルリサイクルにも適した性能－

　ＰＶＣ(塩ビ樹脂)は塩素とエチレンを粗原料とする汎用樹脂だ。組成の６割弱が塩素、４割強がエチレンからできており、石油由来資源の使用率が比較的低い樹脂であると言える。ＰＶＣにはパイプや平板などに使用される硬質ＰＶＣと、可塑剤を加えて柔らかくした軟質ＰＶＣがある。ＰＶＣは様々な物質と混ぜやすく、可塑剤のほか改質剤、着色剤、添加剤などで物性を調整でき、上・下水道管、継手、雨とい、波板、窓枠のサッシ、床材、壁紙、ビニルレザー(合皮)、ホース、農業フィルム、ラップフィルム、電線被覆、プラスチックカード、車体等のステッカーなど幅広い用途に使用される。主力は水道管などに使用されるパイプ向けで、土木・建築や住宅関係の需要が多い。

■燃えにくくリサイクルに適した素材

　ＰＶＣは空気を通しにくく、樹脂の中でも燃えにくい素材だ。火がつきにくいだけでなく、一度火がついても火元を離せば自然と火が消える自己消火性という性質を持つ。なお、重量で可塑剤が４割ほどを占める軟質塩ビ(シートやフィルムなど)は火

を離しても燃え続ける可能性があるが、添加剤によって防炎性能を持たせることができる。空気を通しにくい性質から、食品を包むラップフィルムや断熱性能の高い窓枠のサッシなどにも使用されている。窓枠のサッシについては、ほとんどの先進国で普及率が６割を超えるというデータもあり、日本においては、省エネ志向も手伝って今後も伸びが見込める分野だ。塩素を含むことから、過去には燃やすことでダイオキシン（塩素を含む）の発生源になるとみなされたこともあったが、現在では他の素材と比べても、ＰＶＣを燃やすことでダイオキシンが特に多く発生することはないと言われている。

　ＰＶＣはリサイクルに適した素材でもある。廃プラスチックを砕くなどしてプラスチックのまま原料として新しい製品を作るマテリアルリサイクルでは、多くの場合リサイクルのたびに物性が劣化するが、ＰＶＣは使用期間中やリサイクル過程での劣化が起こりにくい特長を持つ。パイプやビニールハウスに使われる農業ビニールなどでリサイクル利用が進んでおり、パイプについては2016年の熊本地震で、被災地支援のため下水道管や家屋の解体によって発生したＰＶＣパイプの廃材をリサイクルした再生ＰＶＣ管を製造する取り組みも行われた。農業用廃プラのリサイクル率は2019年度時点で７割を超える。

■**最大の輸入国インド**

　ＰＶＣの日本国内年産能力は2021年末現在で177万1,000トン（表参照）。内需は2021年通年で99万トン、余剰の60〜70万トンは輸出に回っている。ＰＶＣの輸出先は2014年まで中国がトップだったが、その後はインドがトップとなっている。インドでは推計300万トン以上と言われる内需の半分以上を輸入に頼っており、世界的に見ても最大のＰＶＣ輸入国だ。インドへＰＶＣを輸出するメインプレーヤーは台湾、韓国、日本、中国の4カ国だが、日本は関税の面でアドバンテージを持つ。台湾勢が7.5％の関税をかけられているのに対し、日本はＥＰＡ（包括的経済連携協定）により2021年4月に無税となった。日本から輸出されるＰＶＣの6割はインド向けで、日本のＰＶＣ産業にとっては重要な国のひとつだ。

■**国内ＰＶＣメーカーの生産能力**

会社名	サイト	生産能力
信越化学工業	鹿島	550,000
カネカ	高砂	276,000
	鹿島	93,000
（東亞合成）	川崎	120,000
	合計	489,000
大洋塩ビ	四日市	310,000
（東ソー68％出資）	千葉	102,000
	合計	412,000
新第一塩ビ	徳山	145,000
（トクヤマ85.5％出資）	愛媛	30,000
	合計	175,000
徳山積水工業	徳山	117,000
東ソー	南陽	28,000
国内能力（7社10工場）	総計	1,771,000

単位:トン/年

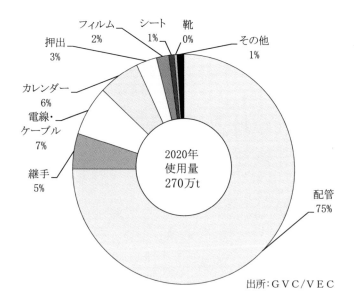

　インドにおけるＰＶＣ需要の多くは配管用途で、農業の灌漑用パイプや上下水道用配管向けに多用され、コロナ禍で建設向けの需要が滞る中でも一定の需要増が続いている。ＰＶＣは原料となる塩素を得るために大量の電気を必要とする電気分解設備が必要なこともあり、新増設のハードルは高い。現地ＰＶＣメーカーのリライアンスが内需をカバーする大規模な能力拡張を計画しているが、2026年にかけて段階的に行われるため、インドが最大のＰＶＣ輸入国というポジションは当面続く見通し。

■インドの塩ビ需要比率(2020年)

フィルム
2%

シート
1%

靴
0%

押出
3%

その他
1%

カレンダー
6%

電線・
ケーブル
7%

継手
5%

2020年
使用量
270万t

配管
75%

出所：ＧＶＣ／ＶＥＣ

■最大の消費国と巨大な生産力

　中国は最大のＰＶＣ生産国であり、最大の消費国でもある。2019年当時の内需2,000万トンに対し、年産2,500万トンという巨大な能力を保有しており、過去には供給過剰でＰＶＣの価格を押し下げる要因にもなった。しかし、近年政府が進める環境規制がストッパーとなり、2015年以降は市場環境を大きく乱す原因とはなっていない。中国では原燃料に石灰石と石炭を用いるカーバイド法ＰＶＣが主流で小規模な設備が無数にあるが、環境対応を迫られたことで停止を余儀なくされた設備もある。大手メーカーは環境対応を実施し稼働を続けているが、従来ほど安いコストでは生産できなくなった面もある。

■日本で進む見直しの動き

　日本では1990年代にダイオキシンの問題からＰＶＣが忌避され、ＰＶＣが素材の検討から外されたり、他素材に置き換わる流れがあったが、現在では誤解が解け、自動車などの用途で新たな検討も始まっている。過去に別素材へ置き換わったものも、壁紙や業務用ラップフィルム、自動車のアンダーコート（さび止め）向けなどではＰＶＣの性能が見直され、代替素材からＰＶＣへ需要が戻っている。さらなる用途開拓にも期待がかかる。

カセイソーダ・塩素〜電解出発のバランス産業
－殺菌・漂白から各種原料まで多彩な用途の基礎素材－

　カセイソーダと塩素は、工業塩を電気分解することで生産される。電気分解では、ほぼ1：0.9のカセイソーダと塩素が発生し、両製品の需給バランスを常に考慮しながら操業する必要があることから、別名「バランス産業」とも言われる。カセイソーダと塩素誘導品の用途は幅広く、上下水道や排水処理、消毒剤のほか、医薬品や農薬、樹脂原料、染料原料など、各種産業に関わりを持つ。両製品とも経済活動や産業活動が発展するに従い需要が増加するため、同産業の発展具合がその国における経済発展の目安になるとも言われており、産業の基礎を支える製品の一つだ。原料となる工業塩は全量が輸入に頼っている。先進国では塩素需要が高くなる傾向があり、日本でも塩素需要寄りの操業を行うとともに、カセイソーダの輸出と塩素誘導品の輸出入によって両製品のバランスを取っている。

■カセイソーダ〜ソーダ水とは別物

　ソーダ産業は、塩水(塩化ナトリウム)の電気分解によって化学品を製造する産業で、カセイソーダやソーダ灰などが作られ

る。ナトリウムのことを、英語でSodiumと呼ぶ（かつSodiumの化合物がSoda）ことからソーダ（曹達）産業なのであり、飲み物のソーダとは異なる。ちなみに炭酸ガスを含む飲み物のソーダ水は、以前は炭酸水素ナトリウム（重曹）が原料であったことからソーダという名称になったと言われている。

　ソーダ産業における電気分解設備は通称「電解（設備）」と呼ばれ、塩水を原料にカセイソーダ（水酸化ナトリウム）と塩素、水素を常に一定の割合で製造する。なおソーダ工業用として使われる塩は全体の77%程度、食用で使われる塩は11%程度と言われている。

　電解で製造されるカセイソーダ、塩素、水素のうち最も多く製造されるのがカセイソーダだ。同化学品は強アルカリ性であることから、工業廃水や酸の中和剤として使われたり、製紙工程でパルプの製造用に使われたり、金属と反応させてほかの化学物質や化学薬品を作るのに使われたり—と、多彩な用途があり、産業界になくてはならない重要な製品だが、劇物であるため一般的には目にすることは少ない。

　カセイソーダを製造している企業は数が多く、国内では22社が29拠点もの工場を運営（2021年末時点）。総能力は477万トンとなっている。これに対して2021年の生産量は前年比6%増の

416万トン、需要は5％増の318万トンだった。すでに日本では市場がほぼ成熟しており、これ以上大きく拡大する可能性は低いため、今後は能力の最適化や設備の統合運営などが進むことも考えられる。なお、電解設備の運営にかかるコストは電力が4

■主な国内メーカーの生産能力　単位：トン/年

会社名	サイト		生産能力
東ソー	南陽事業所	山口県	1,125,000
	四日市事業所	三重県	126,000
	東北東ソー化学	山形県	66,000
	合計		1,317,000
AGC（合弁企業を含まず）	鹿島工場	茨城県	289,000
	千葉工場	千葉県	228,900
	合計		517,900
トクヤマ	徳山製造所	山口県	490,000
大阪ソーダ	水島工場	岡山県	180,000
	松山工場	愛媛県	83,000
	尼崎工場	兵庫県	60,000
	北九州工場	福岡県	45,000
	合計		368,000
カネカ	高砂工業所	兵庫県	360,000
鹿島電解	鹿島工場	茨城県	320,000
東亞合成	横浜工場	神奈川県	124,056
	徳島工場	徳島県	100,000
	名古屋工場	愛知県	87,000
	合計		311,056
国内能力（22社29工場）			4,770,185

※表の左側に縦書きで「カセイソーダ」と記載

小社刊「化学品ハンドブック2022」より抜粋

割と、電力多消費産業と言われてきた。しかし日本ではすでに、1997年以降は電力コストが抑えられるイオン交換膜法に代わっており、以前ほど大量の電力を消費しない事業形態に変わっている。

■塩素〜「混ぜるな危険」

　塩素は自然界でも一般的にみられる化学元素の一つで、非常に反応性が強いため、通常はナトリウムやマグネシウムなど他の元素と結合した状態で存在する。塩素の単体は常温常圧で気体として存在し、−34℃で液体状態になり、−103℃で黄色がかった固体になる。塩素の発見は1774年に遡り、スウェーデンの薬剤師カール・ウィルヘムシェーレが二酸化マンガンの中から微量の塩酸(塩化水素の水溶液)ガスの放出を発見。当時は黄緑色のガスという認識のみだったが、数十年後にイギリスの科学者ハンフリー・デービーによって、それが塩素であると特定された。塩素を示すChlorineという名は、緑がかった黄という意味を表すギリシャ語のKhlorosに由来する。前述の電解設備により、カセイソーダを併産することなく塩素を作ることは不可能で、塩素とカセイソーダは経済的にも密接な関わりがある。カセイソーダは「アルカリ」とも呼ばれる事から、塩素(Chlorine)と合わせて「クロルアルカリ」産業とも呼ばれる。

　塩素は、ほぼ全ての製品が何らかの形で恩恵を受けていると言われるほど重要な製品。とりわけ塩素誘導品は、ＰＶＣやウレタンなどの樹脂、合成ゴムやインキ、医薬品や農薬など、多

様な製品の原料として、あるいは製造工程で使用されている。また、塩素自体が水道水の消毒など水処理や漂白にも使用されている。世界で初めて殺菌剤として使われたのは、1847年ウィーンの産科病棟で「産褥熱」まん延の予防に使われたと言われている。塩素誘導品の一つである次亜塩素酸ソーダは、新型コロナウイルスに対する物品(テーブル、ドアノブなど)用の消毒剤としても利用されており、最近名前を見る機会が増えた人も多いだろう。同ウイルスに対する効果の評価が進められていた次亜塩素酸水(次亜塩素酸を主成分とする酸性の溶液)も、濃度などが一定の条件であれば有効であることが2020年6月に確認されている(現時点で物品のみ。手指や皮膚等の消毒に対する有効性は未検証)。なお「混ぜるな危険」で有名だが、塩素系と酸性の洗剤や殺菌剤等を混ぜると毒性の強い塩素ガスが発生するため、使用する際は混合することのないよう注意が必要だ。

■主な塩素の用途

名称	用途(一部)
塩酸	各種原料
次亜塩素酸ソーダ	滅菌・漂白剤
イソシアネート	ＴＤＩ、ＭＤＩ原料
高度さらし粉	消毒・漂白剤
トリクロロエチレン	金属部品の洗浄
パークロロエチレン	溶剤、洗浄剤
クロロホルム	フッ素樹脂原料
メチレンクロライド	溶剤、洗浄剤
四塩化炭素	ワックス樹脂原料
酸化プロピレン(ＰＯ)	ＰＧ、ＰＰＧ原料
二塩化エチレン(ＥＤＣ)	塩ビモノマー原料
塩ビモノマー(ＶＣＭ)	塩ビ樹脂原料

アンモニア～燃料利用・調達両面で多数の案件
－異業種連携で技術確立／海外調達でインフラ整備－

　脱炭素へ向かう世界的な潮流の中で、アンモニアを燃料として戦略的に活用する動きが加速している。日本企業もアンモニアの利用・調達の両面で多数のプロジェクトを打ち出しており、利用に関しては化学メーカー、エンジ会社、商社、アカデミア等、業界の垣根を越えた連携が目立つ。一方、調達に関しては海外のブルーアンモニア（製造・流通段階で発生するCO_2を貯留あるいは有効活用することでトータルの排出量をゼロとするアンモニア）、あるいはグリーンアンモニア（全ライフサイクルにおいてCO_2を一切排出しないアンモニア）のプロジェクトへ参画し、日本を含めた需要地への輸出ルートを確保するというアプローチが主流になっている。

■日本政府も本腰

　アンモニアの化学式はNH_3。1つの窒素原子に3つの水素原子が結合した無機物で、燃焼させてもCO_2が発生しない。つまり、NO_x（窒素酸化物）が発生しにくいようコントロールしながら燃焼させれば、水素と酸素が結合し"水"しか生成し

ない燃料電池のような"燃え方"をする。加えて、アンモニアは水素のエネルギーキャリアとしても有用であり、エネルギー分野での活用に期待が高まっている。日本政府は2020年10月に2050年のカーボンニュートラル（ＣＮ）を宣言し、その実現に向けて2020年12月に経済産業省が策定した「2050年ＣＮに伴うグリーン成長戦略」における重点14分野の１つとして「水素・燃料アンモニア産業」を盛り込んだ。さらに、2022年３月１日にエネルギー使用量の多い１万2,000社に対して水素・アンモニアなどを含む「非化石エネルギー」の使用割合の目標設定を義務付けるエネルギー使用合理化法改正案を閣議決定しており、今後も水素・アンモニアなどのエネルギー利用は一層高まる見込み。2022年１月にはＮＥＤＯと経済産業省が連携した「燃料アンモニアのサプライチェーン構築」プロジェクトの着手が発表されるなど、実用化に向けた取り組みが加速している。

■調達には高いハードル

　日本政府は燃料アンモニアの国内需要として2030年に300万トン、2050年に3,000万トンを想定するとともに、2050年に世界全体で１億トン規模の日本企業によるサプライチェーン構築を目標としている。現状、日本のアンモニア内需は化学品原料

(硝酸、硝酸塩類、アクリロニトリル、カプロラクタム)などの工業用を中心として年間100万トン程度。ここに燃料用途のアンモニアが上乗せされる形になり、2050年には文字通りケタ違いの需要になる。参考までに、現在のアンモニア世界需要は概ね2億トン規模だが、アンモニアは地産地消が基本であり、国際流通している量は2,000万トンにも満たない。つまり、現状で世界市場に流通している全てのアンモニアを日本へ集めたとしても、3,000万トンには届かないということになる。しかも、調達するアンモニアは、理想的にはグリーンアンモニア、少なくともブルーアンモニアでなければならないという"縛り"もあり、ハードルは相当に高い。燃料アンモニアの社会実装に向けては、石炭火力への混焼をはじめとする利用技術の確立に加え、コスト面も意識した大規模なサプライチェーンの構築が求められる。

■アンモニア輸入基地整備で連携

　アンモニア利用技術の確立に関しては、個社ベースでの技術獲得に向けた取り組みに加え、同業・異業問わず共通の課題に対して共同で検討を行っていく動きもみられる。化学業界においては、出光興産、東ソー、トクヤマ、日本ゼオンによる周南

コンビナートのアンモニア共通拠点整備計画が象徴的だ。同計画はアンモニア共通輸入基地の整備とコンビナート各社への供給インフラ整備、さらには実装置を用いた燃焼実証等まで網羅しており、コンビナート単位のアンモニアサプライチェーン構築におけるモデルケースになり得る。

　また、日本郵船らによるアンモニア燃料アンモニア輸送船（AFAGC）の開発にも注目したい。AFAGCは、貨物としてアンモニアを運搬し、航海中はそのアンモニアを燃料として航行することで、航海中のGHG排出量を従来より大幅に削減するもの。同4社は開発中のAFAGCについて、2022年9月7日付で日本海事協会から基本設計承認（AiP）を取得した。ポイントになるのは、アンモニアを舶用燃料として利用するための国際規則がまだ存在しないということ。同4社は今後も研究開発を進め、国際競争力あるアンモニア燃料船の開発を実現するとともに、日本主導によるアンモニア燃料船に係る安全ガイドライン・法規制等の整備についても意欲を示している。

■産地直送で輸入インフラ整備が急務

　ブルーアンモニアの生産にはCCS（CO_2回収・貯留）やCCUS（CO_2回収・利用・貯留）の施設、グリーンアンモニア

は大量の再生可能エネルギーが必須になり、地理的制約のある日本で大規模に行うことは難しい。このため、クリーンアンモニアの確保は、海外の産地からの調達が現実的だ。中東や北米、オーストラリアなどの有望なエリアで計画されているクリーンアンモニアプロジェクトに参画し、日本への輸出ルートを確保しようという動きが多数みられる。ほとんどがＦＳ（事業化調査）やＭｏＵ（覚書）の段階だが、燃料アンモニアの普及度合いによっては取り合いの様相も想定されるため、初期フェーズから関与していく意義は大きい。

　加えて、日本国内の輸入インフラ整備も急務だ。日本のアンモニア輸入量は現状で年間20万トン程度に過ぎず、港湾設備等のインフラもそれに見合った規模しかない。直近のマイルストーンである2030年に300万トンを達成するには、利用技術の確立と必要量の確保と並び、輸入インフラを現状比15倍に増強することも求められる。前述した出光興産らによる周南地区のアンモニア共通供給拠点計画には、出光興産・徳山事業所の貯蔵施設を年間100万トン超のカーボンフリーアンモニア受入基地として整備することも含まれており、こうした案件を積み上げていく必要がある。

メタノール〜天然ガスから作られる基礎化学品
－燃料から原料まで幅広く活躍／CO₂とH₂からも合成－

　メタノールは、別名「メチルアルコール」ともよばれるアルコールの1種である。アルコール類では似た名称のエタノールが存在する。お酒の成分と同じであるエタノールに対し、メタノールは劇物で、少量でも摂取すると失明したり命を落とす危険性があるため、「"目散る"アルコール」と表現されることもある。身近な用途としては、有機溶剤や燃料用アルコールが挙げられる。一般的にメタノールとエタノールを8:2〜7:3程度の割合で配合したものが多く、理科の実験に用いられてきた「アルコールランプ」のほか、近年ではアウトドア用品の「アルコールストーブ(簡易コンロのようなもの)」向けにも使われている。このほか、ガソリンの添加剤など、燃料向けの利用例がよく挙げられる。その一方で、様々な化学品の原料としても幅広く活躍している。

■化学原料としてのメタノール〜ホルマリンから樹脂へ

　メタノールの工業生産は、1900年代初頭にコークスガス(石炭を蒸し焼きにすると発生するガス)を原料とした製法で盛ん

になった。その後1952年に当時の日本瓦斯化学工業（後に江戸川化学工業と合併し現在は三菱ガス化学）が天然ガスを原料とした製法を確立。この手法が、現在においてもスタンダードとなっている。前述したように、メタノールは燃料としての利用がメジャーなように思われる。しかし、用途別でみると、実際は化学品向けが大半だ。後述するように、中国ではエチレンやプロピレンの原料として数百万トン単位の消費量となっている。

　誘導品として数量が大きなものはホルマリンで、かつては国内向け用途比率で5割以上を占めていた。また、1970年代に酢酸製法の「モンサント法」が確立され、ダイセルが網干工場に導入して以降からは、メタノール法酢酸向けの需要も10％前後を占めるようになっていった。このほか、MMA（メタクリル酸メチル）やクロロメタン類、メチルアミン、ポリビニルアルコール（PVOH：ポバール）、アクリル酸メチルなどの用途が主な需要先。また、近年は海外を中心にMTO（メタノール to オレフィン、詳細は後述）向けの需要も増加している。なお、代替燃料としての需要も増加傾向にある。

　最大用途であるホルマリンは、様々な化学品の中間原料として活躍している。エンジニアリングプラスチックのPOM（ポリアセタール）向けやフェノール樹脂など合成樹脂向けのほか、

合成ゴムや塗料向けに用いられており、接着剤向けも大きな用途の1つだ。この他では、ＭＭＡはＰＭＭＡ（メタクリル樹脂）向け、ポバールはビニロンや接着剤向けなど、様々な化学品の中間原料としても幅広く利用されている。

■国内生産は1990年代に終了〜中東・米州から全量輸入

　日本でのメタノールメーカーといえば、三菱ガス化学が挙げられる。同社は世界で唯一の"メタノール総合メーカー"を自称しており、事実、天然ガスの採掘からメタノールの製造、その誘導品の生産〜化学品の生産までを行っている企業は、他に見あたらない。

　しかし、「"国内"で商業生産を行うメタノールメーカーは？」と問われた場合、その答えは「現存しない」となる。国内メタノール生産の最盛期であった1970年頃、日本ではＬＰＧを主原料にメタノールを製造する12企業の15工場が稼働していた。その後、1973年のオイルショックを契機に需要が急激に冷え込んだことと、1976年に韓国で日韓企業の合弁プラントが稼働したことから供給過多となったことを背景に、国内プラントが相次いで閉鎖。その後も天然ガスを安く入手できる海外での現地生産品を輸入する流れに押され、昭和の終わりには三菱ガ

ス化学の水島工場と三井東圧化学(現三井化学)の千葉工業所(現茂原分工場)の２拠点を残すのみとなる。その三井は1991年末に、三菱ガス化学は1995年７月に生産を停止し、国内生産の歴史は途絶えた。

　現在、国内に流通しているメタノールは、全量が輸入品だ。ここ数年の輸入量は180万トン前後で安定しており、これから輸出量(海外への転売分)数万トンを除いた数量が国内需要量である。主な輸入先はサウジアラビア、トリニダード・トバゴ、米国、ベネズエラ、マレーシアなど。日本企業もこれらの国々の生産会社へ出資しており、商社やプラントエンジなどの他、三菱ガス化学がサウジアラビア、ベネズエラ、ブルネイ、トリニダード・トバゴでの合弁事業に出資参画し、引き取っている。

■環境対応製品としてのメタノール／国産の再開が現実味

　現在主流となっている原料の天然ガスは、その主成分がメタン(CH_4)である。これにスチーム(水蒸気、H_2O)を加えるなどして改質し、メタノール(CH_3OH)を取り出している。この製法は確立されてから50年の時を経ているが、環境意識への高まりからさらなる転換期を迎えている。

　製法について、より環境に配慮した原料への転換が模索され

ている。天然ガスと同じ化石資源である石油は、重油やガソリン、ナフサなど様々な物質で構成され、精製工程で多くのエネルギーを消費し環境負荷も大きい。それに比べて、成分の約9割をメタンが占める天然ガスは、分離工程が少ないという点で環境負荷が低い。しかし、それは相対的にという意味であり、本質的に見れば環境負荷が高い化石資源であることに変わりはない。

　注目すべき事例として、CO_2（二酸化炭素）とH_2（水素）への原料転換を挙げたい。この2つの組み合わせによる合成手法は古くから知られていたが、大量の水分が発生してしまい、それが金属系触媒の劣化を招くことから商業的競争力が確保出来ないという問題があった。これに対し、三菱ガス化学は独自の技術で組み合わせた触媒を開発し、水が多い化学反応に耐えうるものを実現。商業生産までの道筋を付けた。この技術を基にした「環境循環型メタノール構想」では、その商業化に向けたステップを踏んでいる。これは純粋なCO_2とH_2だけでなく、プラごみをガス化炉処理し取り出した混合ガスなどからの生産も検討。これが実現すると、四半世紀ぶりに国内での商業生産再開となる。

　環境負荷低減という観点から、メタノールの用途先として近

年注目を集めているのがＭＴＯ（メタノールtoオレフィン）だ。これはメタノールからオレフィン系の炭化水素を合成し、エチレンやプロピレンを取り出すもの。ご存じの通り、エチレンやプロピレンはナフサから生産したものが一般的になっているが、石油から安価な天然ガスへと原料転換することでのコスト低減を狙い、2000年代後半頃から研究開発が盛んになった。しかし、2010年代に入るとシェールガス革命によってエチレン価格が下落。また、高効率なＭＴＯ触媒が現れなかったことなどから、下火となっていた。

　この技術は、環境への配慮が価値化され始めるとともに、再燃している。環境に配慮したメタノールと組み合わせることで、化石資源を用いないオレフィンを作り出せるからだ。国内企業では、三菱ケミカルが主体となってこの技術開発を推進しており、ＭＴＯ触媒の開発を学術機関と共同で実施中。太陽光を用いた人工光合成によって製造した水素とＣＯ$_2$を膜反応分離させる技術（三菱ガス化学との共同実証）と一緒に取り組んでいる。より環境負荷の低いオレフィンを製造することは、より環境価値の高いオレフィンを製造することとなり、こうした技術開発が盛んになることも予想される。

■燃料としてのメタノールも再評価～安価な水素がキー

　燃料としての活用策拡大についても、研究開発が進められている。大型船の燃料転換への動きが活発になって久しいが、メタノールもその選択肢の1つとして導入事例が増えている。海外では、海運大手のA.P. モラー・マースクは2025年までにメタノール燃料船を最大で12隻導入することを決定。国内でも、商船三井や日本郵船が韓国の造船会社でメタノール燃料船を相次いで竣工させている。

　背景には、再生可能エネルギーを船舶の燃料として利用する狙いがある。様々な業界で導入が模索されている再生可能エネルギーだが、電力を直接的に利用するためには、"大型船を動かせる高出力モーター"や"必要電力を貯め込める超大型蓄電池"等が必要になるが、それらを開発することは困難を極める。そこで注目されているのが、グリーン水素だ。これは太陽光や風力などグリーン電力を用いて製造した水素だが、これを原料としてメタノールを製造すれば、間接的に再生可能エネルギーを貯めて利用できるのだ。

　グリーン水素は、化学品原料としてのメタノールでもポイントとなってくる。アンモニアなど他の代替燃料でもポイントと

されるグリーン水素だが、競争力のある形で調達することが何れのケースでも課題とされている。現在では電気分解によって水素を取り出した「電解水素」などの技術があるが、効率が悪くコストパフォーマンスが悪い。そのため、いかに高効率で、安く、安定的に水素を調達できるかが、代替燃料としても化学品原料としても社会実装されるかどうかのカギを握っている。

　このように、メタノールは燃料としても化学品原料としても活躍する、ユーティリティープレーヤーである。既存の製法から作られた製品でも、エンプラのポリアセタール樹脂はメタノール→ホルマリン→トリオキサンを経て製造されるが、歯車などの素材としてＥＶ（電動車）の部品に寄与するなど、活躍の場が広がっている。今後の動向についても、注目する価値が大きい化学品であると言っても過言ではないだろう。

酢酸系製品、国内市場は成熟〜業界再編も完了
－ＰＶＯＨ・酢酸セルロースに脚光／新風となるか－

　酢酸から酢酸エチルや酢酸ビニルとつながる連産品は「アセチルチェーン」と呼称される。その出発原料である酢酸(アセチル・アシッド)は、製法転換とともに業界再編が進み、今や日本国内のメーカーは協同酢酸(ダイセル87％／ＫＨネオケム8％／ＪＮＣ5％)のみ。酢酸エチルや酢酸ビニルに関しても、大規模な再編が完了して久しく、特に日本国内においては成熟市場という印象が強い。

> ─ 【Q＆A】チェーンとは？ ─
>
> 　化学業界では、原料から繋がる一連の製品を○○チェーンと表現するケースがある。ベンゼン〜シクロヘキサノン〜ＣＰＬ(カプロラクタム)〜ナイロンと繋がるナイロンチェーン、ベンゼン〜キュメン〜フェノール〜ＢＰＡ(ビスフェノールＡ)〜エポキシ樹脂あるいはポリカーボネート樹脂と繋がるフェノールチェーンなどが代表例。より原料に近い製品をチェーンの川上製品、最終製品に近い製品をチェーンの川下製品と呼ぶ

　ただ、近年は世界共通の社会課題と認識される海洋プラスチック問題において、海洋も含めた生分解性を有する酢酸セルロースを使い捨てプラスチックの代替として利用する研究開発が進められているほか、2020年には年明け早々にＰＶＯＨ（またはＰＶＡ＝ポバールまたはポリビニルアルコール）が癌の放射線治療の効果を劇的に向上させるという研究結果が発表されるなど、にわかにチェーン川下の製品が脚光を浴びている。

■製法の変遷〜最古は紀元前

　酢酸は自然界にも存在する物質だが、紀元前から醸造酢として製造されていた記録があり、これが最古の製法とされている。工業的には、17世紀から欧州で行われていた木材乾留による製造が始まりだが、本格的な工業生産は19世紀末に始まった石炭を原料とするカーバイド法から。日本においても、昭和初期にカーバイド（炭化カルシウム）を原料にアセチレンとアセトアルデヒドを経由する製法が確立されたが、1950年代に石油化学工業が勃興すると、アセトアルデヒドをエチレンから製造する方法に変わった。その製法もオイルショック後の原油価格高騰で

競争力が低下し、現在はメタノールを原料とするカルボニル化法が主流。国内唯一のメーカーとなった協同酢酸も、メタノール法を採用している。

■国内需要は安定〜設備統廃合も完了済み

　酢酸は酢酸エチルや酢酸ビニルなどの原料のほか、ポリエステルの主原料であるPTA（高純度テレフタル酸）を製造する際の酸化助剤（反応溶媒）としても使用される。また、こうした化学工業用途に加え、食品（食酢、漬物、ソースなど）や医薬品などにも使用されており、用途の裾野は広い。日本では1960年代に12プラントが稼働していた（ただし当時はいずれも年産4万トン未満の小規模プラントだった）が、前述した製法の変遷とともにメーカーの集約が進んだ。一連の設備統廃合は、2007年9月にダイセルが大竹のナフサ直酸法設備（3万6,000トン）を停止したのが最後で、それ以前は2001年に停止した昭和電工（現レゾナック）・大分のアセトアルデヒド法設備（15万トン）まで遡る。

　酢酸エチルは、需要の大半が塗料用溶剤向けだが、電子材料や医薬・農薬、香料など幅広い用途でも使用されている。需要は国内外で堅調なものの、2000年代には近隣諸国で供給能力が

増大し、安価な輸入品の流入で市場環境が悪化。これを受け、トップメーカーのレゾナック(当時昭和電工)は大分でエチレン直接付加法による10万トン能力の新設備を2014年6月に新設した。同社が独自に開発したエチレン直接付加法は、固体ヘテロポリ酸触媒を使用し、原料エチレンを酢酸に直接付加する製法で、高品質な製品を効率的に生産できるという。

■国内の酢酸系製品メーカーと生産能力　単位:t/y

酢酸	工場	生産能力	備考
共同酢酸	網干	450,000	モンサント技術、メタノール法
合　計		450,000	

酢酸エチル	工場	生産能力	備考
レゾナック(旧昭和電工)	大分	100,000	エチレン直接付加法、2014/6稼働
ダイセル	大竹	75,000	バイオエタノールが原料
合　計		175,000	

酢酸ビニル	工場	生産能力	備考
三菱ケミカル	岡山	180,000	バイエル技術、旧日本合成化学
レゾナック(旧昭和電工)	大分	175,000	バイエル技術
クラレ	岡山	150,000	バイエル技術
日本酢ビ・ポバール	堺	150,000	バイエル技術
合　計		655,000	

ＰＶＯＨ(ＰＶＡ)	工場	生産能力	備考
クラレ	岡山	96,000	自社技術
	新潟	28,000	
三菱ケミカル	岡山	40,000	日本合成化学技術、2024/10に岡山で特殊銘柄を増設し、熊本の一部を停止
	熊本	30,000	
日本酢ビ・ポバール	堺	80,000	自社技術
ＤＳポバール	青海	28,000	2020/3にデンカが完全子会社化
合　計		302,000	

　酢酸ビニルはＰＶＯＨ向けが７割以上を占め、それ以外は接着剤やＥＶＡ(エチレン酢ビコポリマー、エチレン系共重合樹脂でポリエチレンの一種に分類)向けなどに使用される。内需に関しては、住宅着工件数の鈍化や接着剤分野における需要家の海外移転等により先行きが厳しく、輸出についても近隣国における供給能力の増大を背景に大幅な増加は見込みにくい。こうした状況を鑑みて、デンカ(当時は電気化学工業)が2014年４月末に千葉工場の酢酸ビニル６万トン設備を停止。自社の誘導品向けで使用する酢酸ビニルは全て外部調達に切り替えた。

■脚光浴びるＰＶＯＨ(ＰＶＡ)／酢酸セルロース

　ＰＶＯＨは内需の約半分がビニロン繊維向けに使用され、その他は接着剤、紙加工剤、ビニロンフィルム、繊維(経糸糊付剤、織物加工材)などに用いられるという需要構造。ここ数年、内需は12万トン強で安定的に推移し、生産体制も2000年代に入ってからは小規模な増強を除いて動きがないが、2020年１月に東京工業大学と化学生命科学研究所の研究グループからＰＶＯＨによって癌治療の効果が向上するという研究成果が発表され、注目を集めた。一般的な液体糊の主成分であるＰＶＯＨをホウ素化合物に加えると、結合させた物質が癌細胞へ選択的に取り

込まれ、かつ滞留性も大きく向上し、治療効果を高めるというもので、製造の容易さと相まって実用性の高い治療法として期待されている。この発表から約２カ月後に、デンカがＰＶＯＨの製造合弁会社であるＤＳポバールを100％子会社化すると発表し、３月末に合弁相手である積水化学工業の持分49％を取得。長らく止まっていたＰＶＯＨ業界が再び動き出した。

　また、海洋プラスチック問題との絡みで酢酸セルロースも注目されている。酢酸セルロースは植物由来のセルロース（植物繊維）と酢酸を原料として製造されるもので、プラスチック材料として様々な方法で加工することができ、包装容器や繊維、液晶保護用などのフィルム、化粧品などの原料として広く利用されている。使用後は水と二酸化炭素に生分解されるが、土壌や廃棄物中だけでなく、海洋中でも分解が進む点が特長。分解速度は環境によって数カ月から数年だが、大手メーカーのダイセルがこの分解速度を２倍に高めた新グレードを開発した。同社は海洋プラスチックごみで問題視されているストローやレジ袋、使い捨てスプーン・箸、飲料ボトル・キャップ、弁当容器などの使い捨てプラスチックに照準を合わせ、コスト面も含めたブラッシュアップを進めていく方針で、2023年中に量産体制を整える計画だ。

ＥＯＧ～「ＥＯセンター化」構想で国内生産集約
－海外で大型化進むＥＧ／原料多様化で国際市場転換期－

エチレンオキサイド(ＥＯ、酸化エチレンともいう)はエチレンと酸素を反応させて得られる化学物質で、最大用途はポリエステル繊維・フィルムやＰＥＴボトルなどの原料となるエチレングリコール(ＥＧ)。ＥＯとＥＧを合わせてＥＯＧ(イーオージー)と略称される。ＥＧは2000年代初頭から中東や中国を中心に大型プラントの新設が相次ぎ、市況が乱高下するケースが増えたため、国内メーカー各社は市況変動の影響を受けにくいＥＧ以外のＥＯ誘導品メーカーを近隣に誘致し「ＥＯセンター」を構築することで生き残りを図ってきた。一方で、ＥＧは米国などのシェールガスから得られる安価なエタンをベースとする製品、あるいは中国を中心に石炭のガス化によって得られる製品が台頭しつつあり、従来のナフサをベースとする製法も含めて国際市場は三つ巴の様相。これらの新製法はコスト面で優位とされており、ＥＧの国際市場は転換期に差し掛かっている。

■日本勢はＥＯ系誘導品に活路

現在、日本国内のＥＯＧメーカーは表記の通り４社で、全社

がＥＧまでの一貫生産体制を敷いている。ＥＯの用途はＥＧの
ほか、合成洗剤などに使われる各種界面活性剤、溶媒や塗料な
どに使われるグリコールエーテル、乳化剤や医薬品・化粧品な
どに使われるエタノールアミンなど。また、近年はＬｉＢ用電
解液の溶媒として使用されるＥＣ（エチレンカーボネート）の需
要が増加しており、三菱ケミカルが茨城に年産１万トンの設備
を有するほか、三井化学が東亞合成との合弁会社「ＭＴエチレ
ンカーボネート」（東亞合成90％／三井化学10％出資）で事業化
（5,000トン、立地は三井化学の大阪工場）している。

■国内のＥＯＧメーカーと生産能力　　単位:t/y

ＥＯ	工場	生産能力	備考
日本触媒	川崎	324,000	自社技術（千鳥17万t/浮島16万t）
三菱ケミカル	茨城	300,000	シェル法、2004/6に3.3万t増
丸善石油化学	千葉	(115,000)	ＳＤ法（2022/5で停止）
	四日市	82,000	シェル法
三井化学	大阪	100,000	シェル法
合　計		806,000	

ＥＧ	工場	生産能力	備考
三菱ケミカル	茨城	318,000	シェル法、2004/6に5万t増
丸善石油化学	千葉	(115,000)	ＳＤ法（2022/5で停止）
	四日市	82,000	シェル法
日本触媒	川崎	180,000	自社技術（千鳥8万t/浮島10万t）
三井化学	大阪	50,000	シェル法
合　計		630,000	

　最大用途であるＥＧは2008年頃から中東での新増設が本格化。
１プラントの規模も60〜70万トンが標準化した。また、中東勢
は油田の随伴ガスから得られる安価なエタンを出発原料とする
完全な原料立地であり、生産したＥＧを中国などの需要地に輸
出することを主眼とするもの。世界的な需給バランスの失調に
加え、ナフサベースのＥＧを凌駕するコスト競争力を武器に安
値攻勢を仕掛けてくることは明白で、ＥＧ市況の世界的な下落
が見込まれる中、日本のＥＯＧメーカー各社は対応を迫られた。
そこで打ち出されたのが、ＥＧ以外のＥＯ誘導品にシフトする
脱ＥＧ戦略だ。

　日本触媒は川崎製造所の「ＥＯセンター化」構想を打ち出し、
2009年に同製造所内で千鳥・浮島の両工場をつなぐＥＯ輸送用
海底パイプラインを整備。同時期にＥＯの生産能力を７万トン
増強し、表記の32万4,000トンに引き上げた。同様に三菱ケミ
カル（当時は三菱化学）もＥＯセンター構想を推し進め、従来か
らの供給先に加えて新たに界面活性剤メーカー４社を招致した。
2009年から2011年にかけてユーザーの新工場が相次ぎ稼働し、
これに合わせて三菱ケミカルもパイプラインやタンクなどの供
給設備を整備した。丸善石油化学は、四日市と千葉の両工場で

非ＥＧ比率70％を目標に掲げ、ＥＯ系誘導品の生産能力増強を推進してきたが、老朽化が進んでいた千葉の設備を2022年５月末で停止した。三井化学は市原工場と大阪工場でＥＯＧ設備を操業していたが、ＥＯ比率の向上が困難と判断した市原の設備（ＥＯ年産11万9,000トン）を2009年７月に停止し、もともと非ＥＧ比率が高かった大阪工場に絞った。

【Q＆Ａ】ＥＯ系誘導品メーカーがＥＯプラントの 近隣に集積している理由は？

ＥＯは沸点が10.7℃で常温では気体だが、気体の状態での最小着火エネルギー（可燃性のガスなどが点火するのに必要なエネルギーの最小量）が水素、アセチレン、二硫化炭素に次いで低く、爆発のリスクが高い。輸送コストの削減もさることながら、安全性も考慮し、近隣にパイプラインで供給する体制が敷かれている。かつては三菱ケミカルが鹿島から四日市へ貨車（鉄道）で輸送していたが、2011年３月末までに全面停止し、鹿島地区内のパイプライン供給のみに切り替えた

■ＥＧの世界情勢は混沌

ＥＯの最大用途であるＥＧはＥＯの水和反応によって得られるが、この際にポリエステル原料として最も適した性質のＭＥ

Ｇ（モノエチレングリコール）に加え、ＤＥＧ（ジエチレングリコール）とＴＥＧ（トリエチレングリコール）が一定量発生する。特に注釈なくＥＧと表記されている場合は、ＭＥＧのことを指しているケースが多い。なお、ＤＥＧはコンクリートの粉砕助剤や不飽和ポリエステルなど、ＴＥＧは工業用の洗浄剤やポリエステルポリオール（ウレタン原料）などに使用される。

　ＭＥＧの世界需要は2019年当時で3,300万トン規模と推定され、今後もポリエステルの底堅い需要を背景に年率５～６％程度の成長が見込まれる。ただ、近年は中国における石炭をベースとするＣＯ法ＭＥＧや米国のシェールガスをベースとするＭＥＧのプロジェクトが数多く打ち出され、本格的な稼働フェーズに入った。既存のナフサをベースとする製法も含めて競争が激化するとともに、需要成長を大きく上回る規模の供給能力が追加されており、需給も緩和している。

　中国のＣＯ法ＭＥＧは、工場で発生するオフガスや石炭のガス化などから得られる合成ガス（一酸化炭素と水素の混合ガス）からＤＭＯ（ジメチルオキサレート）を経由してＭＥＧを製造するもの。中国では、国内需要の大部分を輸入に依存するＭＥＧを内製化していく中で、豊富に有する石炭の価値を高めるという国策とも合致し、ＭＥＧの原料として活用する動きが加速し

た。2018年辺りから順次稼働を開始する段階に至っており、今後も継続的に新設備が立ち上がっていく見通しだ。一方、米国で進められているＭＥＧプロジェクトは、シェールガス由来の安価なエチレンをベースとしたもので、最大の特長はコスト競争力。米国の新プラントは需要地への輸出を念頭に置いているとみられ、2019年に入って商業生産開始が相次いだ。このほか、既存のナフサベースについても大規模な新設が計画されており、計画ベースでの供給増は予想される需要の増加を大きく上回る。2020年以降は新型コロナウイルスの感染拡大を受け、こうしたプロジェクトの遅延が散見される半面、需要の後退も見受けられ、需給の先行きは不透明だ。

　競争力の観点においては、強い順に中東のエタンベース、米国のシェールベース、中国のＣＯ法、既存のナフサベースとみるのが一般的。中国のＣＯ法には需要地立地というアドバンテージもあり、ナフサベースのメーカーは厳しさを増すとの見方が強まっている。ただし、この図式は原油価格60〜70ドル程度を想定したもの。原油価格が極端に上昇あるいは下落した状況下においては、この限りではない（油価が下がればナフサベースの競争力が相対的に強まる）。ＭＥＧの世界市場は需要、供給、原料市況いずれの観点からも、先行きが混沌としている。

ＰＸ～世界需要１億tに迫るＰＥＴの基礎原料
－需要旺盛も新増設多数／中国の内製化が焦点に－

　ＰＸ(パラキシレン)は、キシレンの４つの異性体(分子式は等しいが分子構造が異なる化合物オルソキシレン、メタキシレン、パラキシレン、エチルベンゼン)の一つで、ＰＴＡ(高純度テレフタル酸)の原料として使用される。ＰＴＡは、世界需要が１億トンに迫りつつあるＰＥＴ(ポリエステル)の主原料。代表的な合成繊維であるポリエステル繊維やＰＥＴボトルをはじめ、ポリエステルの需要は世界全体で絶対的な地位を確立しており、今後も最大市場である中国を牽引役として安定的な拡大が続く見通しだ。一方で、供給面においてもアジア圏を中心に大規模な新増設が断続的に行われ、需給バランスはタイト化と緩和を繰り返している。

■国内メーカーは石油精製企業のみに

　ＰＸの原料は、石油精製などで得られる改質生成油から抽出された混合キシレン(ＭＸ、前述した４つの異性体を含有する混合物)。ＰＸの製造工程ではＭＸの分離が行われており、現

在は吸着法によってＰＸを選択的に分離する方法が一般的だ。また、オルソ・メタキシレンやエチルベンゼンの異性化によってもＰＸが得られる。

■国内ＰＸメーカーと生産能力　　　　　　　　　　　　　　　単位:t/y

会社名	工場	生産能力	備考
ＥＮＥＯＳ	川崎	350,000	96/10に10万t増強
	和歌山	280,000	2023/10で停止予定
	堺	222,000	
	水島	490,000	90/11に５万t、97/6に７万t増強
	大分	420,000	2008/10に吸収合併
鹿島アロマティックス	鹿島	522,000	ＥＮＥＯＳ80％／三菱ケミカル10％／三菱商事10％出資、2014/夏に2.2万t増強
鹿島石油	鹿島	178,000	公称37.2万t
水島パラキシレン	水島	350,000	公称33.5万t、2006/1に4.1万t増
ＥＮＥＯＳグループ計		2,812,000	国内能力シェア87％
出光興産	千葉	265,000	96/4に３万t増強
	知多	400,000	2022/9に出光興産から譲受
	徳山	214,000	2006/秋に1.4万t増強
出光興産計		879,000	国内能力シェア13％
合計		3,691,000	

　日本国内のＰＸメーカーと生産能力は表記の通り。かつては三菱ケミカルや東レ、帝人なども事業化していたが、2014年に帝人が松山の年産29万トン設備を停止したことで、メーカーは石油精製企業のみに絞られた。世界的にＰＸの増産が進む中、原料となるＭＸを外部調達する体制では競争力を維持できなくなったことが背景にあるが、石油精製系のメーカーも旧ＪＸエネルギーと旧東燃ゼネラル石油の経営統合を経て、現在はＥＮ

ＥＯＳと出光興産の２グループのみとなっている。ただし、コスモ石油は現代オイルバンクとの折半合弁会社「ＨＣペトロケミカル」を2009年に設立し、韓国・大山に２系列計146万トン（38万トンと108万トン）のＰＸ設備を保有。ＥＮＥＯＳも韓国に100万トン、マレーシアに52万トンの合弁工場を持ち、出光興産もベトナムに70万トン工場を有する。なお、同社はＥＮＥＯＳ・知多の40万トン工場を2022年９月末に譲受した。

■中国の内製化で業界地図塗り替えも

　一方、海外では大規模な新増設が続いており、特にインパクトが大きかったのは2014年と2019年の大増設だ。2014年は上期に中国で４件計270万トンの新設備が稼働。さらに年央（６～８月）に韓国で３件計330万トン、秋口にはインドで92万トン、シンガポールで80万トンが稼働し、９カ月間で総計772万トンの供給能力が追加された。当時のＰＸ世界需要は3,500万トン程度であり、その２割強に相当する。ポリエステルの生産は中国への一極集中が進んでおり、その主原料であるＰＴＡも中国で大増設が続いているため、中国以外でのＰＸ新増設は中国への輸出を主眼としたもの。中国の旺盛な需要を牽引役として、ＰＸの世界需要は年間200万トン程度の拡大が計算できるものの、

2014年の増加能力はそれを大きく上回り、需給バランスは緩和した。ただ、その後は新増設が小康状態となったほか、設備トラブルによる供給減も重なり、需給バランスは市場の想定よりも早期に改善。むしろ2016年以降は年々タイト化が進み、ＰＸメーカーのマージンは良化した。

しかし、2019年の大増設は需給に甚大な影響を及ぼした。中国を中心に2019年は６件計1,240万トンの新設備が稼働。およそ６年分の需要増加に相当する量だ。加えて、こうした新増設による需給への影響は翌年以降に本格化する形になるが、2020年は新型コロナウイルスのパンデミックで需要が大きく鈍化し、需給緩和に拍車を掛けた。

2019年の新増設において、特筆すべきは恒力石化の450万トン（３月稼働）と浙江石化の400万トン（12月稼働）だ。いずれも原油処理能力日量40万バレルのリファイナリー（製油所）を起点に、ＰＸまで一貫生産するもので、ポリエステルメーカーが原料確保のために原油処理にまで川上展開した格好。非常に規模が大きいだけでなく、最大の輸入国である中国における内製化であるため、二重のインパクトがある。また、前例のないプロセスである点でも注目を集めた。一般的に、40万バレルのリファイナリーから400万トン超のＰＸを製造するには原料が足り

ないが、この２件は技術こそ異なるものの、灯油や軽油といっ
た製品として価値のある中間留分や重質油も水素化分解してＰ
Ｘ原料としている。プロジェクトが明らかになった当初は、プ
ロセスの複雑さや採算の問題などで稼働を疑問視する声が多か
ったが、こうした市場の見立てとは裏腹に安定稼働を続けてお
り、ＰＸ需給緩和の大きな要因の一つになっている。

　さらに、将来的なＰＸ需給を展望する上で、中国で大規模な
一貫生産が実現したということは大きな意味を持つ。中国のポ
リエステルメーカーがＰＴＡを自製化する動きはこれまでも多
数見られたが、ＰＸは技術面や原料確保の難しさから輸入に大
きく依存しており、2018年のＰＸ輸入量は1,600万トンに及ん
だ。これが世界のＰＸ需給バランスを保つ、謂わば“最後の砦”
になっている。しかし、内製化の動きによって2019年の輸入量
は1,500万トン、2020〜2021年は1,400万トンと漸減傾向。中国
ではＰＴＡの新増設が依然として続いているため、今後も年間
1,000万トン超のＰＸ輸入が続くとの見方が強いものの、浙江
石化がＰＸ500万トンの第２期計画を立ち上げるなど、後続の
プロジェクトが後を絶たない。この最後の砦が陥落するような
ことになれば、業界地図は大きく塗り替えられることになる。

■指標価格は大手メーカーとユーザーが毎月交渉

　ＰＸのアジア市況においては、大手メーカーと大口ユーザー（ＰＴＡメーカー）の間で毎月ＡＣＰ（アジア契約価格）の交渉が行われており、これが指標価格になる。毎月月末までにその翌月の価格を決める先決め方式となっており、２組以上のメーカーとユーザーが同額で合意した場合、その価格がＡＣＰとして認知される。ＰＸのＡＣＰが決まればＰＴＡ以下の川下への価格転嫁がスムーズになるなどのメリットがある。

> ## 【Ｑ＆Ａ】ＰＴＡの価格がＰＸより安いのはなぜ？
>
> 　前述の通りＰＸはＰＴＡの主原料だが、価格はＰＸの方が高い。例えば2020年度の平均価格はＰＸがトン当たり約590ドル、ＰＴＡが470ドルとなっており、一見するとＰＴＡメーカーは作れば作るほど赤字になるが、ここには原単位というカラクリがある。原単位は、ある物質を製造するのに必要な原料の割合を指すもの。ＰＴＡのＰＸ原単位は0.66で、ＰＴＡを100トン作るのに必要なＰＸの量は66トンとなる。このため、ＰＴＡのスプレッド（原料と製品の値差）を求める場合は、ＰＸの価格を0.66倍した値を参照する。2020年度の場合は、470－（590×0.66）≒81となり、ＰＴＡメーカーの手取りは81ドルと求められる

　しかし、近年はＰＸ・ＰＴＡ双方の需給バランス悪化や原油価格の乱高下などにより、ＡＣＰが成立しないケースが増えている。過去のＡＣＰ成立回数をみると、2014年は２回、2015年は３回にとどまり、需給がタイト化に向かっていた2016年および2017年は８回成立したが、2018年は５回、2019年は３回と徐々に減り、需給緩和がピークとなった2020年は１回も成立しなかった。2021年は２月と３月に成立したが、それ以降はコロナ禍の再拡大による需要低迷やロシアのウクライナ侵攻による原油価格の不透明感がＡＣＰ成立を阻む要因となっており、2023年始めまで一度も成立していない。

　基本的にＡＣＰはＰＸとＰＴＡ双方の需給バランスが健全なほど成立しやすく、どちらか一方のバランスが極端に緩和あるいはタイト化している状況では、双方の提示価格の乖離が大きくなり、不成立となるケースが多い。また、需給バランス以外にも、原油価格が乱高下する局面などはＡＣＰを決めるリスクが大きくなる。2020年に関しては、コロナ影響によって需要や原油価格の不透明感が強まり、ＡＣＰの成立は難しい状況が続いた。

ＰＴＡ～合成繊維の王者ポリエステルの主原料
－生産・需要とも中国に一極集中／飽和も新増設止まず－

　ＰＴＡ（高純度テレフタル酸）は、３大合成繊維（ポリエステル、ナイロン、アクリル）の中でも圧倒的な需要規模を有するポリエステルの主原料。すでにＰＴＡの世界需要は8,000万トン規模に達しているが、ポリエステルの底堅い需要拡大を背景に、今後も年率３～４％程度の成長が見込まれている。かつては高収益の花形事業として日本企業も海外で積極的な拡大を図っていたが、世界最大の輸入国だった中国が内製化に本腰を入れると瞬く間に輸入は消滅し、出超バランスへ転換。それでもなお、中国の新増設は止まらず、ＰＴＡの需給バランスは供給過剰が常態化している。

■国内生産は内需見合いに収斂

　ＰＴＡ（$C_8H_6O_4$）は、パラキシレン（C_8H_{10}）を空気中の酸素（O_2）、および共酸化剤として酢酸（CH_3COOH）と反応させて酸化させ、水素還元によって高純度化することで得られる。ベンゼン環のパラ位に２個のカルボキシル基が結合した形状で、示性式では$C_6H_4(COOH)_2$となる。

　このＰＴＡ（粉末）
とエチレンから生成
されるエチレングリ
コール（液体）を混合

HO—C(=O)————C(=O)—OH

して加熱すると、水分子が放出され、残った原子が集まってビ
スヒドロキシエチルテレフタレート（ＢＨＥＴ）という分子が生
成される。これを重合したものがＰＥＴ（ポリエチレンテレフ
タレート）樹脂。ＰＥＴは熱可塑性樹脂（加熱により溶融し、冷
却すると元の固体に戻る性質を示す樹脂）の一種で、加熱して
溶かすことで目的に合わせた形に変えることができ、この特性
を利用してポリエステル繊維やＰＥＴボトル、ＰＥＴフィルム
などのプラスチック製品が作られている。

　かつて、ポリエステルの主原料としてはＤＭＴ（ジメチルテ
レフタレート）が主流だったが、原単位やコストの点で有利な
ＰＴＡの製造技術が発達し、1978年に生産比率が逆転。その後、
1999年に三菱ケミカル（当時は三菱化学）が黒崎のＤＭＴ年産８
万トン設備を停止し、以降は帝人が唯一のメーカーとなってい
たが、同社も2012年に徳山の９万トン設備、2016年には松山の
23万トン設備を停止し、ＤＭＴの国内生産は消滅した。また、
三菱ケミカルはＰＴＡの製造工程を一部省いたテレフタル酸を

ＱＴＡ（Qualified Terephthalic Acid）と呼称し、区別している（現在は国内生産停止、詳細は後述）。テレフタル酸は前述の通り①ＰＸの酸化→②精製（高純度化）の二段階で製造されるが、ＱＴＡは①の工程をより精密にし、②の精製工程を省略する一段精密酸化法という製法で、同社はＰＴＡを主に非繊維用途、ＱＴＡを主に繊維用途へ展開している。

　日本国内においては、ピークとなった1997年に４社（三井化学、三菱化学、東レ、水島アロマ）合計で170万トンの生産能力（ＱＴＡ含む）があったが、現在は表記の通り三井化学と東レの２社のみ。採算に乗らない輸出は基本的に行わず、国内外販あるいは自消のみに絞る体制となっている。三菱化学は1998年に黒崎のＱＴＡ設備能力を年産27万トンから17万トンへ削減し、その翌年には同事業所のＱＴＡ生産を停止。テレフタル酸の生産を松山（ＱＴＡ25万トン、ＰＴＡ14万トン）に集約したが、その後2002年にＰＴＡ、2010年にＱＴＡを停止し、テレフタル酸の国内生産から撤退した。

　三井化学は岩国大竹工場でピーク時には３系列計75万トンのＰＴＡ生産能力を有していたが、2007年に第１系列19万トン、2009年に第２系列16万トンを停止し、以降は第３系列40万トンのみの稼働となっている。その同社も2023年８月をもって残る

40万トン系列を全面停止することになった。

　水島アロマは三菱ガス化学と東洋紡の折半出資会社だったが、世界的な需給緩和による採算悪化を背景に、2015年3月末にＰＴＡ25万トン設備を停止し、水島アロマは解散。

　東レはもともと自社の原料調達用という位置づけであるため、外部環境の影響を受けにくく、安定稼働を続けている。

■国内ＰＴＡメーカーと生産能力　　　　　　　単位:t/y

会社名	工場	生産能力	備考
三井化学	岩国	400,000	アモコ三井技術、2007年に19万t、2009年に16万t停止。2023/8から国内生産停止を予定
東レ	東海	255,000	自社技術、2002年に1.5万t増強
合　計		655,000	

　国内における一連の再編劇は、いずれも最大の需要地である中国におけるＰＴＡ市況の低迷が引き金になっている。三井化学が第1系列の停止に踏み切った2007年は、中国政府が投資引き締め策を行ったことで中国のポリエステルメーカー各社の人民元が不足し、ＰＴＡの調達をドル建ての輸入に依存した結果、国産ＰＴＡの在庫が積み上がり、国内価格が下落して輸入品の価格も下落するという連鎖反応が起きた。その後、アジア市況が回復したことで2009年に日本からの輸出量が反転したものの、

以前の水準までは戻らず、内需もリーマンショックの影響で大幅に減少。こうした中、三井化学が第２系列の停止を決め、その翌年には三菱化学が松山のＱＴＡ設備を停止した。これにより日本国内の需給は一旦バランスしたが、中国の大規模な新増設によって需給バランスは緩和の一途を辿り、水島アロマはその波に飲まれる格好となった。

■中国メーカーが市場を席巻

　中国では、輸入に依存する製品を内製化していくという国策の下、2012年頃からＰＴＡ設備の大増設が本格化。2012年から2015年までの４年間に年産ベースで約2,700万トンの新設備が稼働した。その結果、中国のＰＴＡ輸入量は2011年の650万トンをピークに、2012年は530万トン、2013年は270万トン、2014年は120万トン、2015年は60万トンと急激に減少。当初の狙いだったＰＴＡの内製化という観点においては、ひとまず成功を収めた。

　しかし、この急激な変化は市場に様々な歪みを生じさせた。以前は世界中の余剰玉が中国に集まる構図だったが、この商流は堰き止められ、行き場を失った玉が氾濫して市況も崩壊。この影響を最も強く受けたのは中国にＰＴＡを輸出していた海外

メーカーだが、中国の過剰投資は国内メーカーの首をも絞めつけた。その兆候が顕著に現れたのは2015年だ。中国のＰＴＡ業界で当時４位のポジションにあった遠東石化が経営破綻し、合計320万トンの生産設備が2015年３月までに停止へ追い込まれるなど、2015年だけで中国国内も含めて合計1,000万トンに及ぶ設備が停止する大規模な業界再編が起こった。

その後は新増設の勢いが一時的に沈静化し、一方で需要は堅調に推移。石化業界全体の好景気にも乗じてＰＴＡメーカーの採算は急速に改善したものの、これが再び大規模な新増設を誘発する形になった。この時期に計画された新設備が2020年から相次いで稼働しているが、折悪

■ＰＴＡの新増設プロジェクト

時期	社名（立地）	能力
2020年		
1月	恒力石化（中国）	2,500
1月	新疆コルラ中泰化工（ウイグル）	1,200
7月	恒力石化（中国）	2,500
10月	新鳳鳴集団（中国）	2,500
	2020年計	8,700
2021年		
1月	福建百宏石化（中国）	2,500
2月	盛虹（中国）	2,500
7月	逸盛石化（中国）	3,500
	2021年計	8,500
2022年以降	逸盛石化（中国）	6,000
	恒力石化（中国）	5,000
	東営（中国）	2,500
	新鳳鳴集団（中国）	6,000
	台湾化学繊維（中国）	1,500
	江蘇三房巷集団（中国）	2,500
	桐昆（中国）	5,000
	中国石化儀征化繊（中国）	3,000
	ＭＣＰＩ（インド）	1,200
	中国石化揚州・遠東（中国）	2,200
	2022年以降計	34,900

（単位：千t/y）

しく米中貿易摩擦を発端とする世界的な景気減速、さらには新型コロナウイルスによる需要収縮と時期的に重なる。

　2020年以降の新増設計画は別表に示す通り。ＰＴＡの世界需要は平常時で年間300万トンほどの拡大が見込まれるが、2020年と2021年の増加能力は1,700万トンを超える。コロナ禍による需要のマイナスαも考慮すると、額面以上の需給悪化が想像される。2022年以降にも3,000万トン超の新増設が計画されており、当面は大幅な供給過剰が避けられそうにない。

　ただ、中国のＰＴＡ業界は2015年の再編時とは様相が異なる。近年のＰＴＡ新増設は、一部の大手メーカーによる大規模プラントの増設、かつ合成繊維メーカーの川上展開（ポリエステルメーカーが原料ＰＴＡを自製する）に収斂されつつあり、表記した新増設計画の大部分がこれに該当。圧倒的な規模によるコストメリットで差別化し、既存メーカーを排除すると同時に新規参入も阻むという狙いが垣間見える。もはや、石化メーカーが数十万トンのＰＴＡ設備を建設し、外部調達した原料でＰＴＡを製造・販売するというビジネスモデルは到底成り立たないだろう。

ＣＰＬ～幅広い用途を持つナイロン６の主原料
－中国大増設で需給環境一変／欧米・日本に再編の波－

　カプロラクタム（ＣＰＬ）は、１分子に炭素原子６個・窒素原子１個・酸素原子１個・水素原子11個を持つ環構造のアミドで、ほとんどがナイロン（ポリアミド）の一種であるナイロン６樹脂の原料として使用される。ナイロン６はポリエステル、アクリルと並ぶ３大合成繊維の一つであるナイロン繊維に加え、エンジニアリングプラスチックとして自動車部品などにも使われるほか、酸素透過率が小さいことから食品包装フィルム（ハム・ソーセージ、レトルト食品など）にも適している。ＣＰＬ市場は欧米や日本を含む東アジアから中国に玉が集まる構図だったが、近年は中国の内製化（国産化）が急速に進み、ここ10年ほどで需給環境は一変した。

■工業化は1943年

　ＣＰＬは1899年にドイツの化学者ジークムント・ガブリエルによって初めて合成されたが、本格的な工業生産が始まったのは1943年。工業化したのは、バイエルやＢＡＳＦの前身となるドイツのIG-Farbenで、当初は年産3,500トン規模だったという。

　日本のＣＰＬ生産は、2022年秋まではＵＢＥ（2022年４月に

宇部興産から商号変更)の９万トン(宇部)、東レの10万トン(東海)、住友化学の８万5,000トン(愛媛)で３社合計27万5,000トン体制だったが、同10月に住友化学が稼働を停止、ＵＢＥと東レのみになった。2010年までは三菱ケミカルも事業化していた。ＵＢＥはタイ拠点(13万トン)とスペイン拠点(10万トン)でもＣＰＬを生産しており、アジア市場においてはプライスリーダーの地位にあるが、昨今の事業環境悪化を受け、2024年度をめどに宇部工場の生産能力を削減する方向。一方、東レは自家消費(自社内において原料として消費)が中心になっている。

　現在の製法は、シクロヘキサノンオキシムのベックマン転移反応(酸触媒による転位・加水分解によりアミドを得る反応)が主流。ベンゼンの水添(水素添加)によって得られるシクロヘキサンの空気酸化(空気中の酸素を酸化剤として使用する酸化方法)、あるいはフェノールの水添で得られるシクロヘキサノンをヒドロキシルアミンと反応させ、得られたシクロヘキサノンオキシムのベックマン転移によって合成される。この製法では反応助剤として発煙硫酸が用いられ、ＣＰＬは硫酸塩として得られるため、これをアンモニアで遊離・中和する工程が必要。このため、大量の硫酸アンモニウム(硫安)を副生する。住友化学はアンモキシメーションと気相ベックマン転位を組み合わせたプロセスを開発しており、この製法では硫安の副生がない。

　硫安は代表的な窒素系肥料の原料。中国のＣＰＬ大増設（詳細は後述）に伴い、硫安の生産量も爆発的に増加しているが、酸性の土壌には合わないため、中国国内での消費は少ないというミスマッチが生じている。このため、中国で硫安を副生しないプロセスのニーズが高いとみて、住友化学はライセンス展開に向けてブラッシュアップを進めている。

■市況形成は世界４極化の様相

　アジア市場ではＵＢＥが台湾・韓国の大手ナイロンメーカーと毎月価格交渉を行っているほか、台湾のＣＰＤＣ（中国石油化学工業開発）も国内ユーザーと値決めを行い、これらの決着価格がアジア市況の指標になる。ただし、世界最大市場である中国の市況形成は異なり、同国最大手のシノペックが毎月の価格を公示する。ＵＢＥはその月の価格を月初に決める先決め方式だが、シノペックは月末に決める後決め方式を採っている。一方、欧米では原料ベンゼンの値動きに連動するフォーミュラの要素が強い。昨今は地域ごとの需給バランスやベンゼン市況などによって価格差が生じるケースも散見され、ＣＰＬの市況形成は欧米・アジアに中国を加えた世界４極化の様相が強まっている。

■需給緩和でトップメーカーの身売りも

　ＣＰＬは莫大な設備投資（かつては10万トン設備で500億円が相場）を要する点や、製造工程が長く複雑で技術的難易度も高いことから参入障壁が高く、歴史的に見てもプレーヤーが限られる製品だった。しかし、中国が輸入に依存する製品を内製化していくという国策の下、大規模な設備投資に乗り出し、2012年から新設備が相次いで稼働。中国はピークとなった2012年に70万トン強を輸入したが、2020年末時点で国内のＣＰＬ生産能力が441万トン（大手メーカー推計）に達しており、内需を全て満たせる規模になっている（ただし、ＣＰＬの品質問題や保税加工向け等で現在も年間10〜20万トンの輸入が続いている）。

　中国での大増設によってＣＰＬの世界需給は大きく緩和し、業界再編が加速した。象徴的だったのは、世界トップメーカーだったＤＳＭのＣＰＬ事業売却だ。ＤＳＭは米国に25万トン、オランダに27万5,000トン、中国（旧ＤＳＭ60％／シノペック40％出資の合弁）に40万トンの計92万5,000トンを有していたが、2015年に投資会社のＣＶＣキャピタルパートナーズと合弁会社「ChemicaInvest」（ＣＶＣ65％／ＤＳＭ35％出資）を設立し、ＣＰＬ事業を同社に移管（同時にアクリロニトリルとコンポジ

ットレジンも移管）。翌年にはChemicaInvest傘下のＣＰＬ事業会社として「Fibrant」を設立したが、Fibrantは採算悪化を理由に米国の25万トン設備を停止した後、2018年11月に中国の恒申集団へ売却された。恒申集団は傘下のＣＰＬ事業会社「福建申遠新材料」で中国国内に３基計60万トンのＣＰＬ設備を有しており、中国と欧州で計127万5,000トンの生産体制を構築。世界トップメーカーに躍り出た。このほかにも、世界２位につけるＢＡＳＦがドイツのＣＰＬ生産能力を10万トン削減し、米ハネウェルはＣＰＬ〜ナイロン６樹脂事業を新会社「AdvanSix」に分社化するなど、世界的に再編が進んだ。

　一方、日本国内は2003年に住友化学が愛媛で６万5,000トン設備（後に８万5,000トンへ増強）を増設したのを最後に、新増設はなくなった。その翌年、東レが外販メインだった名古屋の８万5,000トン設備を停止。さらに2005年には三菱化学（現三菱ケミカル）が黒崎の２系列計11万トンのうち５万トン系列を停止した。前述した欧米での再編劇は中国での大増設が引き金だったが、2000年代に日本で起こった一連の能力削減は、原料ベンゼン価格の高騰による採算の悪化に起因するものだった。

　なお、三菱化学は2009年に同社グループのナイロン樹脂事業とＤＳＭのポリカーボネート樹脂事業の交換を決定。これに伴

い、黒崎に残っていた６万トン設備を2010年３月に停止し、Ｃ
ＰＬ事業から完全に撤退した。

■カプロラクタムの国内生産能力と輸出入推移

単位：千トン

年	生産能力	生産量	輸出量	輸入量	内需	設備の変遷
2003年	570	530	278	－	251	住友化学・愛媛で6.5万ｔ設備増設（春）
2004年	635	503	261	－	242	東レ・名古屋の8.5万tｔ設備停止（６月） 東レ・東海10万tに増強（＋１万t）
2005年	560	458	214	1	245	三菱化学・黒崎の５万ｔ設備停止（９月） 住友化学・愛媛の新系列8.5万tに増強(11月)
2006年	530	467	238	－	229	
2007年	530	467	234	－	234	
2008年	530	432	195	－	237	
2009年	530	342	192	－	150	
2010年	530	422	239	－	183	三菱化学・黒崎の６万ｔ設備停止、 事業撤退（３月）
2011年	470	397	221	－	177	
2012年	470	376	211	－	165	
2013年	470	339	178	－	161	
2014年	370	290	146	－	144	宇部興産・堺の10万tｔ設備停止（３月）
2015年	275	257	131	－	126	住友化学・愛媛の9.5万ｔ設備停止（９月）
2016年	275	214	119	－	95	
2017年	275	221	84	－	137	宇部興産・宇部の９万tをフェノール法に 11月転換（能力不変）
2018年	275	220	89	－	131	
2019年	275	200	95	－	105	
2020年	275	184	98	－	86	

（注）生産能力は年末時点

　2010年以降はアジア地域を中心に需給逼迫が加速した。さら
に、ＣＰＬの川下に当たるナイロン重合設備の新増設が先行し
たことでＣＰＬの逼迫に拍車が掛かり、ピークとなった2011年

にはアジア市況が3,000ドルを超える状態が定着。各メーカーは高マージンを享受することができたが、同時に後の需給緩和の火種となる大規模な新増設計画が多数浮上することになった。

　2012年以降は前述の通り中国の新増設プラントが次々と立ち上がり、需給バランスが急速に緩和。これを受け、当時の宇部興産は堺の10万トン設備停止を決断(2014年３月末に恒久停止)した。同社は宇部にも９万トンの生産能力を有しているが、同工場はナイロン向けの自消比率が高く、堺の停止によって不採算が続いていた輸出を大幅に削減した。それ以降、同社はＣＰＬの外販において、"量"でのプレゼンスではなく、高い技術力と供給安定性を武器に"質"で存在感を発揮していく方針に切り替えている。

ＡＮ～主用途のアクリル繊維は減少傾向止まず
－国内生産体制は動きなし／海外で新増設続く－

　ＡＮ（アクリロニトリル）は、３大合成繊維の一つであるアクリル繊維や家電・自動車など幅広い用途を持つＡＢＳ樹脂の主原料。かつてはアクリル繊維向けがＡＮ需要全体の半分を占めていたが、近年はアクリル繊維の需要減少に歯止めが掛かっていない。一方でＡＢＳ樹脂やアクリルアマイド、合成ゴム向けなどの用途が増加しており、需要構成は大きく変わりつつある。供給面では海外で断続的に新増設が行われている一方、日本国内では2014年に生産体制の再編が行われて以降、設備面での動きはない。

■アジアトップは旭化成／独自技術も保有

　ＡＮの製法は、プロピレンとアンモニアを酸素存在下で触媒により合成するアンモ酸化法が一般的。1957年に米ソハイオ（Standard Oil of Ohio）が開発した技術であるため、ソハイオ法とも呼ばれる。ＡＮの製造工程においては、有機溶媒として用いられるアセトニトリルや、ＭＭＡ（メチルメタクリレート）の原料となるアセトンシアンヒドリンの製造に必要な青酸が副生

されるため、ＭＭＡプラントを併設しているケースもある。

　ＡＮの世界トップメーカーは英イネオス（2021年末時点能力：年産106.5万トン）で、２番手は旭化成（同93.2万トン）。ただ、イネオスの設備はすべて欧米に立地しており、アジアでは旭化成が牙城を築いている。また、旭化成は天然ガスに含まれるプロパンを主原料にＡＮを製造するプロパン法も確立しており、タイに20万トン設備を保有。同設備は2008年夏に着工、2011年夏に完工、紆余曲折を経て2013年１月から本格稼働となった。

■ＡＢＳ樹脂等が需要を牽引

　需要構成は大きく分けて①アクリル繊維向け、②ＡＢＳ樹脂（ＡＳ樹脂含む）向け、③アクリルアマイド（アクリルアミドともいう）・アジポニトリル（ナイロン66原料）・ＮＢＲ（アクリロニトリル・ブタジエン共重合ゴム）・ラテックス向けなどその他用途の３分野。かねてからアクリル繊維の需要は減少傾向にあったが、特に近年は減少に拍車が掛かっており、2019年当時でＡＮの世界需要600万トン強のうちアクリル繊維向けは120万トン程度まで落ち込み、シェアは２割程度に低下した。アクリル繊維の需要減少は、原料であるＡＮ市況の高止まりによるアクリル繊維メーカーの採算悪化やポリエステル繊維の性能向上

による需要浸食など、構造的な要因が多く、今後もさらなる減少が見込まれている。

　一方でＡＢＳ樹脂とその他用途向けの需要は底堅い成長が続いている。ＡＢＳ樹脂は自動車や生活家電、ＯＡ機器などが主な用途で、経済情勢に左右される部分が大きいが、今後も基本的には世界のＧＤＰ成長に沿った需要拡大が見込まれる。その他用途で絶対量が最も大きいアクリルアマイドは、水処理用の高分子凝集剤や製紙用の紙力増強剤向けのほか、ＥＯＲ（石油増進回収）にも用いられる。ＥＯＲは自噴しなくなった油田から残存原油を回収するための技術だが、追加コストが発生するため、原油価格が高いほど同用途の需要も増える。このほか、ＮＢＲ・ラテックスは衛生観念の高まりなどから医療現場で用いられる薄手のゴム手袋の需要が好調に推移しており、2020年以降はコロナ禍で需要拡大に拍車が掛かった。また、ＡＮは炭素繊維の元になるＰＡＮ（ポリアクリロニトリル）系炭素繊維にも使われる。主用途の航空機向けはコロナ禍で需要が冷え込んだが、クリーンエネルギーの需要増加を受け、風力発電のブレード向けが大きく伸びている。

■国内は再編済み／海外では大規模計画も

　国内のAN設備は長らく新増設がなく、2004年10月に旭化成
（当時は旭化成ケミカルズ）が水島の能力を５万トン増の30万ト
ンに引き上げた（現有は20万トン、詳細は後述）のが最後の能力
増強になる。翌2005年６月には、三井化学が大阪の６万トン設
備を停止した。三井化学は自社のアクリルアマイド向けや住友
化学との合弁会社である日本A＆L（住友化学85％／三井化学
15％出資）向けにANを製造・供給していたが、自社設備の停
止後は旭化成への生産委託に切り替えた。三井化学の停止後、
国内のAN生産体制は４社６プラント計79万トンとなったが、
その後も需要が伸び悩む中、海外でANプラントの新増設もあ
り、さらに再編が進むことになる。

　再編を決断したのはトップメーカーの旭化成だ。2014年９月
に川崎の15万トン設備を停止すると同時に、水島の30万トンの
うち10万トンをMAN（メタクリロニトリル）生産の専用設備に

■国内ANメーカーと生産能力　　　　　　　　　　　　　単位:t/y

会社名	工場	生産能力	備考
三菱ケミカル	岡山	115,000	旧三菱レイヨン、実力12万t
	広島	81,000	〃　　　、実力９万t
旭化成	水島	200,000	2014/8に１系列（10万t）をMAN製造専用に転換
住友化学	愛媛	61,000	2018年に能力を1,000t上方修正
レゾナック（旧昭和電工）	川崎	60,000	2019年に能力を1,000t上方修正
合　　計		517,000	

転換。最も生産能力が小さくコスト競争力が低い川崎の設備を停止することで固定費を削減しつつ、他拠点の稼働率を上げることで国内ＡＮ事業の筋肉質化につなげた。同社は韓国の子会社に60.2万トン、タイの子会社に20万トン工場を有しており、世界第2位の地位に揺るぎはない。以降、日本国内は4社5プラント体制となり、現在に至っている。

　一方、海外では中国を中心に新規参入も含めた新増設が断続的に行われており、日本国内における生産体制再編の引き金にもなった。中国では浙江石油化工の1号機、2号機各26万トン設備を始め、山東省東営や江蘇省連雲港、遼寧省盤錦に26万トン工場が2019年から2020年〜2022年にかけて次々に新設され、更なる新設計画も続出するなど、供給圧力が拡大中。

　最大手のイネオスは、英シールサンズの30万トン設備を2019年に停止した一方、サウジアラビアで42万5,000トン設備の新設を計画している。サウジアラムコと仏トタルがジュベールで建設を進めている石油化学コンプレックスの一部として新設するもので、2019年6月に3社間で覚書を交わした。旭化成は韓国の100％子会社である東西石油化学で2019年と2020年に各2万トンの増強を実施したほか、2023年春をめどに休止中の7万トン系列を再稼働させる方向で調整している。

炭素繊維〜軽量化支える高機能素材
／再エネでも活躍
－高い強度で金属代替進む／風力発電翼の需要拡大－

　炭素繊維（カーボンファイバー）は、ＩＳＯ（国際標準化機構）には「有機繊維を焼成して得られる炭素含有率が90％以上の繊維」と定義される。歴史的には1870年代後半に木綿糸を焼いてフィラメント（長繊維）が作られたのが始まりと言われている。

　原料の違いによってＰＡＮ（ポリアクリロニトリル）系炭素繊維とピッチ系炭素繊維があり、世界で生産される炭素繊維の8〜9割がＰＡＮ系である。ピッチ系は呉羽化学工業（現クレハ）が1970年に世界初の工業化を果たしており、現在ではクレハ、三菱ケミカル、日本グラファイトファイバーなど数社が供給。石油ピッチを繊維化したピッチプリカーサーを炭素化して作られるピッチ系炭素繊維は、製法の条件により低強度・低弾性率で耐熱性等に優れる等方性ピッチ系と、高強度・高弾性率の異方性液晶（メソフェーズ）ピッチ系に分かれ、後者は主に先端複合材料に使用される。中国では、将来の需要増を見越して数社でピッチ系炭素繊維の工業化を目指す動きがあるもようだ。

　ＰＡＮ系炭素繊維は、ＰＡＮ繊維（プリカーサー）を原料とし

て、まず同繊維をＣＮ基の還化付加反応と酸化による架橋反応により耐熱化・不融化し耐炎繊維を生産。耐炎繊維を不活性雰囲気中で高温加熱することで炭化し、炭素繊維を生産する。炭素繊維は単繊維１本が直径５〜15μmと非常に細く、数千〜数万本の束状で構成される。単繊維の本数によりレギュラートウ（スモールトウ）タイプ（一般に2.4万本まで）とラージトウ（一般に４万本以上）タイプの２種類があり、航空機部品等ではレギュラートウが、風力発電翼ではラージトウが主に使われるなど、用途により市場が分かれている。

■樹脂の強化材として部品等の軽量化に寄与

　ＰＡＮ系炭素繊維の多くはマトリックス（母材）樹脂と組み合わせた複合材であるＣＦＲＰ（炭素繊維強化プラスチック）として使われ、自動車部品や航空機部品、スポーツ用品、圧力容器、風力発電翼（風力発電機のブレード）等に用いられている。マトリックス樹脂として、多くはエポキシ樹脂など熱硬化性樹脂が用いられるが、近年は生産性が高いことなどから熱可塑性樹脂を使用したＣＦＲＴＰ（炭素繊維強化熱可塑性プラスチック）の開発が各社で進められている。

　ＣＦＲＰは軽くて強度が高く、鉄やアルミなど金属が使用さ

れていた部品を置き換えることで、薄肉化や軽量化に寄与する素材だ。鉄に対して炭素繊維の比重当たりの引張強度は約10倍、引張弾性率は約7倍にもなる。同じく強化繊維として用いられるガラス繊維と比べても比重が軽く、ＧＦＲＰ（ガラス繊維強化プラスチック）が使用されている分野においても、より強度や軽量化を必要とする部品については置き換え需要が見込めるだろう。航空機向けのＣＦＲＰ需要はコロナ禍を受け2020年には減少したが、中長期的には成長が見込まれており、炭素繊維からＣＦＲＰに至る研究開発や設備投資も活発だ。エネルギー転換に向けた動きに伴い、風力発電翼や圧力容器（水素タンク）向けの需要も増加している。

■日系３社が４割以上

　炭素繊維協会の統計によると、炭素繊維の出荷量（国内向け出荷と輸出の合計）は、同協会が統計を開始した1995年度と比べ2018年度には約５倍の規模に成長。2020年度はコロナ禍のあおりもあり、前年比17.0％減の２万645トンと４年ぶりに減少したが、2021年度には15.9％増の２万3,928トンに回復した。国内メーカーのＰＡＮ系炭素繊維能力は表の通り（推計値含む）。

近年は国外での新増設が目立っており、東レの総能力は5万6,800トン（米国子会社のゾルテック分を含む）、三菱ケミカルは1

■国内のPAN系炭素繊維生産能力 （単位:t/y）

会社名	サイト	生産能力
東レ	愛媛	8,970
三菱ケミカル	愛知	5,400
	広島	3,900
	合計	9,300
帝人	三島	6,400
国内能力（3社計）		24,670

（「化学品ハンドブック2022」より抜粋）

万5,100トン、帝人は2022年の米国での3,000トン新設により1万4,500トンに拡大、日系3社で世界能力の4割以上を占めるとみられる。

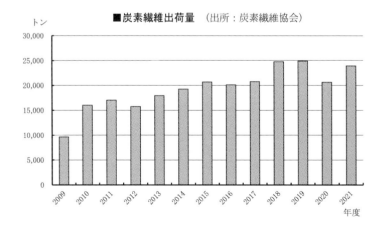

■炭素繊維出荷量 （出所：炭素繊維協会）

■リサイクルの検討進む

　昨今は環境負荷の低減に向け、様々な素材で資源循環の検討が数多くなされているが、炭素繊維においてもリサイクルに向けた技術開発が進められている。炭素繊維は高価な素材であり、使用済みのＣＦＲＰを再び材料として使用したり、使用済みのＣＦＲＰから高品質な炭素繊維を取り出すことができるようになれば、生産コスト減にもつながり得る。マトリックス樹脂に熱可塑性樹脂を使用することでリサイクルも容易になるため、熱可塑性樹脂を使用したＣＦＲＰの需要は今後ますます伸びが期待される。炭素繊維は製造時に大量のエネルギーを消費し、CO_2の排出量も多いが、用途先において軽量化に貢献できる省エネ効果も大きく、サプライチェーン全体のＬＣＡで環境影響評価をすべきだろう。

合成繊維〜機能性改良／異形断面で感触も再現
－産業・医療でも活躍／フィルター中空糸・不織布需要増－

　人間と繊維の歴史は長く、数千年かもっと前にはすでに繊維を用いて作られた布が存在したと言われる。綿やウールなどの天然繊維に対して「化学繊維」とは、人が人工的に作り出した繊維のことであり、1884年に初の化学繊維である人造絹糸が生まれ、1890年にはキュプラが、1892年には現在でも広く各国で生産・使用されているビスコース法レーヨンが発明された。レーヨンやキュプラはその製法上、木材パルプやコットンリンター（綿花の種子を包む産毛状の繊維）に含まれているセルロースを一度薬品で溶かした後セルロース繊維に再生するため、再生繊維（再生セルロースとも）と呼ばれる。合成繊維は化学繊維のうち、天然の高分子（セルロースなど）を原料とせず、石油などを原料として化学的に合成された物質から作り出された繊維だ。

■三大合成繊維〜ポリエステル・アクリル・ナイロン

　世界初の合成繊維は1935年にデュポンが発明したナイロン（ポリアミド）66で、ナイロンとは元々デュポンの商標であったが、現在は脂肪族ポリアミド全体を指す言葉として使われてい

る。繊維としてはＣＰＬ(カプロラクタム)を原料とするナイロン6と、ヘキサメチレンジアミンとアジピン酸を原料とするナイロン66が中心。合成繊維は、原料の違いによって様々な異なる性質を持ち、衣料から産業まで幅広く利用されている。

■繊維の種類(一部)

天然繊維				
植物繊維	綿(コットン)	動物繊維	絹(シルク)	
	麻(亜麻など)		毛(ウールなど)	

化学繊維				
合成繊維	ポリエステル	半合成繊維	アセテート	
	アクリル	再生繊維	レーヨン	
	ナイロン		キュプラ	
	ポリプロピレン	無機繊維	ガラス	
	ビニロン		金属繊維	
	ポリウレタン		炭素繊維	

　ポリエステル、アクリル、ナイロンは三大合成繊維と言われており、ナイロンは主に長繊維(フィラメント)、アクリルは主に短繊維(ステープル)が生産され、衣料などの分野で活躍している。主な用途はポリエステルがシャツなど外衣、インテリア、産業資材、不織布など。アクリルがセーター、肌着、毛布、カ

ーペットなど。ナイロンが下着、カーペット、タイヤコードなど。短繊維はわた状の詰め物として使われたり、紡績（糸を紡ぐこと）されて糸として使用される。合成繊維は天然繊維と比べ原料の改良などで機能性を持たせやすく、用途にあった改良も年々進んでいる。

■紡糸工程〜機能性の高い衣料繊維も

　原料となる高分子から合成繊維を生産する工程を紡糸（ぼうし）と呼ぶ。紡糸工程では、原料ポリマーを溶媒に溶解するか、加熱により液体状にし、ノズル（口金）から押し出して繊維を生産する。溶媒の種類により、湿式紡糸や乾式紡糸、加熱による溶融紡糸などの種類があり、原料ポリマーに適した方式で繊維が生産されている。ノズルの形は主に円形（丸孔）だが、Ｙ型などに変えることで断面が丸以外の異型断面繊維を作ることが可能。異型断面繊維はその断面によって、感触や風合い、光沢、保温性などに改善効果があり、シルクのような風合いを持つ合成繊維や軽量で保温性に優れる繊維、吸水性の高い繊維など多くの製品が市場に出回っている。

　繊維の中心を空洞にした中空繊維（中空糸とも）は、保温性の高い軽量素材として用いられるほか、複数本を束にした中空糸

膜が、水などをろ過するフィルターに用いられている。用途に応じた大きさに調整された繊維表面の孔を通り、外側から内側（逆の場合もある）にろ過された液体や気体が流れて不純物等が取り除かれる仕組みで、環境対応の重要性が増す中で需要の増加している分野の一つだ。血液をきれいにする透析器（ダイアライザ）も中空糸膜を応用している。

■繊維を重ね結合させた不織布

　不織布とは、その名の通り織らない布のことで、繊維を広げて重ね、熱による融着や機械的な絡み合いによって作られる。繊維を均一に広げて重ねたものをウェブと呼び、ウェブを何らかの方法で布状（クッションなど厚みがある場合もある）に結合させたものが不織布となる。原料となる繊維やウェブの形成方法、結合方法、繊維の長さによって性質が異なり、スパンボンド不織布（ウェブ形成法に由来）、ニードルパンチ不織布（結合法に由来）などの呼び名がある。身近なところでは使い捨てマスクやお手拭き、見えないところでは液体や気体などのフィルター向けや止水材、自動車部材などに幅広く使用されており、飲料や半導体などの製造工程で原料から不純物を取り除くフィルターとしての需要も高まっている。

アクリル酸／高吸水性樹脂〜中長期的成長続く
－需給バランス改善へ／ＳＡＰのリサイクルも検討進む－

　アクリル酸（ＡＡ）は、プロピレンと酸素から作られ、各種アクリル酸エステルやアクリルポリマー、高吸水性樹脂（ＳＡＰ）など幅広い素材の中間原料となる。このうちＳＡＰは、高純度化したＡＡとカセイソーダのソーダ塩を高分子量化したポリマーで、日本ではＡＡ需要の６〜７割を占める主力誘導品となっている。かつてはアクリル酸エステル向けが主力だったが、ＳＡＰ市場の成長に伴い主役が入れ替わった。

　ＳＡＰはたくさんの水を吸収・保持できる樹脂で、吸収可能な水の量は自重の数十倍から数百倍にもなる。高分子鎖が親水性の網目構造となっており、網目の内側に水（液体）を閉じこめることでゲル状となり、圧力を加えても水が分離しにくい安定した保水力がある。その性能から、紙おむつや生理用品など衛生関連用品のほか、環境緑化や農業・園芸分野、土木・工業分野、廃血液固化剤などの医療用具分野、保冷用ゲル剤など食品包装分野、ペットシートなどにも使用されている。

■SAPトップの日本触媒は原料でも3本指

■主な国内メーカーの生産能力

単位:t/y

	会社名	サイト	生産能力
アクリル酸	日本触媒	姫路	540,000
	東亞合成	大分	140,000
	三菱ケミカル	三重	110,000
	出光興産	愛知	50,000
	国内能力（4社）合計		840,000

	会社名	サイト	生産能力
高吸水性樹脂	日本触媒	姫路	370,000
	住友精化	姫路	210,000
	ＳＤＰグローバル	名古屋	110,000
	国内能力（3社）合計		690,000

（「化学品ハンドブック2022」より抜粋）

　国内のＡＡメーカーは日本触媒、東亞合成、三菱ケミカル、出光興産の４社だったが、出光興産は2023年３月で事業撤退する。残る３社は何れも自社でアクリル酸エステルなどの誘導品も生産している。日本触媒は海外でもＡＡを生産しており、グローバル生産能力はダウに次ぐ世界４位（弊社刊「化学品ハンドブック2022」より。以下同じ）。ＳＡＰ事業で競合する住友精化やＳＤＰグローバル（三洋化成100％出資）にも原料を供給している。国内のＳＡＰメーカーは日本触媒、住友精化、ＳＤＰグローバルの３社で、日本触媒はグローバルな生産能力で世界シェアトップを誇る。住友精化とＳＤＰグローバルも５位、６位と高順位だ。何れも地域や規模の差はあるが、３カ国以上に生産拠点を置いている。

■日系メーカーの地域別ＳＡＰ生産能力

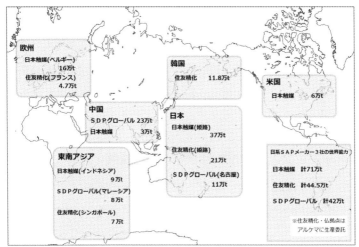

小社作成

■中長期的に年率３～５％成長続く見通し

　ＳＡＰの需要先で何といっても大きいのは紙おむつなど衛生用品向けの用途。紙おむつは人口増加や経済成長に伴い、まだまだ需要の成長が期待される分野だが、近年は新規参入が相次ぎ競争が激化。供給過剰の状態となり、ＳＡＰもろとも厳しい環境が続いている。紙おむつはいわば「必需品」だが、コロナ禍においては欧州などで外出の減少から紙おむつの使用枚数が減少する事態も起きたという。

　ただし、コロナ禍による影響は一過性のもので、今後もＳＡＰ需要は成長を続けるものとみられる。業界トップの日本触媒が立てた予測（2022年11月発表）では、2020年度はＡＡ・ＳＡＰとも世界需要がマイナス成長となったものの、2021年度以降は回復傾向に入り、中長期的には年率３〜５％程度の成長が継続する通しだ。

■性能アップと紙おむつリサイクルが課題

　ＳＡＰの性能を高める研究も継続して進められており、水の吸収量や吸収スピードを向上させたグレードなどが開発されている。近年は、環境保護や介護現場の負担軽減のため使用済み紙おむつの処理が問題となっており、紙おむつのリサイクルに向けても積極的な議論がなされている。ＳＡＰは水分を保持する性質から、使用後に回収して再利用することは通常難しいが、脱水しやすく他の部材との分離がしやすいグレードや、再生ＳＡＰの生産も可能なＳＡＰリサイクル技術などが開発されており、実用化に向けた実証実験などの検討が進められている。資源循環の観点からも今後の展開に期待のかかる樹脂の一つだ。

ＭＭＡ〜大手の再編進む／新製法の新設計画も
－原料異なる３製法／中国で新増設進捗－

　ＭＭＡ（メチルメタクリレート、またはメタクリル酸メチル）は、メタノール等を原料として生産されるモノマーの１種だ。代表的な用途は、ＭＭＡを重合したポリマーであるＰＭＭＡ（メタクリル樹脂）で、ほかに各種塗料、透明ＡＢＳ樹脂、特殊エステルなどの原料にも用いられる。ＰＭＭＡはその透明度の高さから「プラスチックの女王」とも呼ばれており、コロナ禍においては飛沫感染防止用に透明な仕切り板としての需要が急増した。

　ＭＭＡエマルジョンを用いた水系塗料や自動車等向けに無塗装でピアノブラック（光沢のある黒色）を実現するＰＭＭＡなど、近年関心の高まる環境対応の面でも期待できる用途があり、需要は増加している。ＰＭＭＡは解重合（モノマーへの分解）が比較的容易な樹脂であり、ＰＭＭＡをＭＭＡにするケミカルリサイクルの実証も複数社で進められている。

■製法の違い／３種類の出発原料
　現在世界で稼働しているＭＭＡ生産設備の大部分はアセトン

と青酸を出発原料とするＡＣＨ（アセトンシアンヒドリン）法だが、イソブチレンを出発原料とするＣ₄法、エチレンを出発原料とするアルファ法なども存在する。ＭＭＡの世界最大手である三菱ケミカルグループは、原料の異なる３製法を世界で唯一稼働。自社が保有する技術であるアルファ法は、シンガポール（2008年稼働）とサウジアラビア（2017年稼働）でプラントを順次立ち上げ、2026年以降には米国でも同法設備新設を計画。各原料の需給環境や市況に合わせて各拠点の最適運転を図っている。

■主なＭＭＡの製法

名称	主な原料	備考
ＡＣＨ法	●アセトン、青酸、硫酸、メタノール	世界能力の６～７割を占める
直酸法	●イソブチレン、酸素、メタノール	Ｃ₄直接酸化法～Ｃ₄法とも
新エチレン法	●エチレン、ＣＯ、メタノール、ホルムアルデヒド	アルファ法とも

●→出発原料
ほかに、新ＡＣＨ法、ＭＡＮ法、直メタ法、エチレン法などがある

　ＡＣＨ法では、ＡＢＳ樹脂やアクリル繊維などの原料であるＡＮ（アクリロニトリル）を生産する際に副産される青酸を副原料に用いているため、ＡＮ設備とＡＣＨ法ＭＭＡ設備を合わせて保有する企業も多い。そのため、ＡＣＨ法ＭＭＡの生産量は、ＭＭＡ自体の需給環境だけでなく、ＡＮの生産状況にも影響を大きく受ける。

■近年の業界再編

　三菱ケミカルグループは2021年４月にＭＭＡ事業を担う完全子会社として三菱ケミカルメタクリレーツを設立し、同事業の本拠地をシンガポールに移転。傘下のルーサイト（2009年に買収）を含め、同事業の中核会社を三菱ケミカルメタクリレーツを含む社名に統一した。なお、同グループは2023年度以降に石化事業を独立・分社化する計画だが、ＭＭＡ事業は切り離しの対象外にしている。住友化学は2021年４月にＭＭＡとＰＭＭＡの戦略策定とグローバル展開を一元的に担うＭＭＡ事業部を新設。両事業の強化を図っている。

　エボニックが2019年７月に売却したメタクリレート事業を元に発足した独Röhm（レーム、投資会社のAdvent International傘下）は、欧米および中国において技術センターやＰＭＭＡコンパウンド設備など積極的な投資を推進。2024年にはＯＱ（オマーン）と共同でＯＱの米国拠点（テキサス州ベイシティ）においてＭＭＡの新設備を建設する。同設備はエボニック時代に開発した新製法であるLiMA(Leading in Methacrylates)法の商用規模プラントで、年産能力は25万トン。同新製法は、従来の製法と比べエネルギー消費が少なく、現在あるＭＭＡの生産方法の中

で最も効率的な製法だという。2016年にドイツでパイロットプラントが稼働しており、商用規模のプラントは初となる。

　アルケマは2021年５月にＭＭＡ～ＰＭＭＡ事業をトリンセオに売却し、同事業から撤退。ＬＧ　ＭＭＡは、親会社だったＬＧグループが同年６月にＬＧ　ＭＭＡを含む子会社５社をＬＸグループとして切り離したことから、ＬＸ　ＭＭＡに改称した。

■新増設進む／中国では供給過剰の懸念も

　三菱ケミカルＨＤグループは、2021年２月に老朽化を理由として米テキサス州ボーモントのＭＭＡ生産拠点を閉鎖。2022年１月には英国工場を定修のため操業停止したが、そのまま事業撤収することにした。同社に限らず、欧米に現存するＡＣＨ法プラントの多くは建設から長い年月が経ち老朽化が進んでおり、また青酸を副生するＡＮの操業状況にも左右されるため、影響を受けやすい。その一方で、中国では活発な投資が続いており、2022年以降も複数の設備が立ち上がる見込み。2025年には中国の生産能力が同国内需に対して倍になるとも言われる。予定されている新増設計画の中には実現可能性の低い計画も含まれるものの、今後供給過剰になる可能性は高く、数年内に中国国内でＭＭＡメーカーの淘汰が起こる可能性も指摘されている。

ブタジエン／合成ゴム〜今後も堅調な需要予想
―ブタジエンは価格変動大／合ゴムは自動車向け等伸長―

　ブタジエンは、エチレンやプロピレンと並ぶ主要な基礎原料であり、オレフィン（不飽和炭化水素）の一つ。通常は1,3−ブタジエンのことを指す。主に、自動車のタイヤや部品に必須の素材である合成ゴムの原料として使われており、東南アジアが需要の半分を占める。合成ゴムと同様に年率4〜6％程度と、堅調な市場の伸びが見込まれている。

■ブタジエンとは？

　ブタジエンは、主にナフサクラッカーによる分解で作られるC_4留分（B−B留分）から抽出蒸留によって得られ、ナフサ100に対して4〜5％程度しか生成されない。需要の40％超が中国やインドを中心とするアジア地域だ。日本国内の生産量は80〜90万トンで、ほとんどが合成ゴムの原料として使われるほか、各種ブタンジオール類、ＡＢＳ樹脂、ナイロン66樹脂などの原料としても用いられる。国内ではＥＮＥＯＳマテリアル（2022年4月にＪＳＲから事業譲受）およびＥＮＥＯＳ、日本ゼオン、岡山ブタジエン（日本ゼオンと旭化成の合弁）、千葉ブタジエン

工業（ＵＢＥと丸善石油化学の合弁）が製造を手掛けている。

　揮発性が高いことが特徴で、水や土壌中からでも空気中に蒸発する。発出源としてブタジエン製造からのほか、自動車の排気ガスやタバコの煙などからも放出されることが分かっている。

　市場規模がそれほど大きくないため、価格のボラティリティは非常に高い。特に、一大市場であり、投機的な動きもみられる中国の動向がブタジエン価格を大きく左右する。最もブタジエン価格が急騰したのは2011年夏頃（６〜８月）で、トン当たり4,000ドルにも達したが、これをピークに急落。世界的な景気減退や、中国政府の販売制限による自動車用合成ゴムの不振等のため、2013年夏頃には1,000ドルを割り込んだ。2020年もコロナ禍による川下誘導品の不振により大きく変動し、最も安かった５月には360ドルまで下落。12月には1,310ドルまで値を戻した。

■ブタジエンの製造方法〜多くがナフサクラッカー由来

　石炭由来のアセチレンガスを原料として初めて製造されたと言われているブタジエンだが、ナフサクラッカーから得られるC_4留分の抽出蒸留が主流だ。そのほかの製造法として、ガソリンを作るＦＣＣ（流動接触分解）装置の副生ガスからの抽出蒸

留や、C_4留分であるブタンやブテンから水素分子を外す(脱水素化する)方法、エチレンを二量化することによってもブタジエンを作ることができる。

　しかし、中東や北米を中心に、これまで主流だったナフサクラッカーからエタンクラッカーへの転換が進むのと並行して、2010年代初頭には世界でブタジエン不足が懸念されるようになった。エタンは軽質留分であるため、分解してもC_4留分がほとんど出てこないためだ。前述したブタジエン価格の暴騰も、不足への警戒感を背景の一つとしたものだった。この状況下、ブタジエン目的生産技術の開発が活発に行われ、国内では旭化成のBB−Flex法や三菱ケミカルのＢＴｃＢ法、レゾナック(当時昭和電工)のアセトアルデヒド法ブタジエンプロセスなどが開発された。しかし、その後ブタジエン価格が下落して事業的メリットが薄れたことから実用化への見通しは遠のいている。

■合成ゴムとは？
　ブタジエンが主要な原料として使われる合成ゴムは、その名の通り化学合成により人工的に作られたゴムのことだ。20世紀初頭にタイヤ産業が急速に発展し、天然ゴムだけでは次第に供給が追い付かなくなったことから研究が活発化。初めて工業化された合成ゴムは、ドイツにおけるポリブタジエンゴム(ＰＢ

Ｒ）だったと言われている。1920年代には様々な方法によるＰＢＲの生産が進み、1930年代になるとスチレン・ブタジエンゴム（ＳＢＲ）やＮＢＲ（ニトリルブタジエンゴム）なども作られるようになった。ちなみに同時期には、合成ゴムにカーボンブラック（ＣＢ）という煤を混ぜ込むことによって高い補強効果を示すことが見出され、タイヤ向けには必ずＣＢが使われるようになった。タイヤが黒色をしているのは、このＣＢが使われているからである。

【Ｑ＆Ａ】エラストマーとゴムは違うもの？

ゴムに関連して「エラストマー」という呼び名を聞いたこともあるだろう。エラストマーは「伸び縮みする（弾性のある）ポリマー」のことであり、広義には合成ゴムもエラストマーに含まれる。ただ業界では、一般的にエラストマーは、ゴムと合成樹脂の特徴を併せ持ち、熱により軟化・溶融する（熱可塑性である）ＴＰＥ（Thermoplastic Elastomers：熱可塑性エラストマー）を指すことが多い。ＴＰＥは合成ゴムとは異なり、プラスチック成形加工機で成形ができ、架橋（硫黄などによって分子鎖間を繋ぐこと）も不要という特徴がある。当初は架橋時のエネルギーや労力の削減を目的として開発された

　ゴムの種類分けとして、主にタイヤ用に使われる「汎用ゴム」と、それ以外の用途で使われ特殊な機能性を持つ「特殊ゴム」という分け方のほか、形状の違いによって「固形ゴム」「液状ゴム」「ラテックス」などという分け方、また主鎖の二重結合の有無による「ジエン系ゴム」「非ジエン系ゴム」という分け方などがある。

【Q&A】ラテックスって何？

　もともとラテックスは樹液のことを指していたが、乳化重合などによって、様々な生ゴム(合成ゴムの原料)が、樹液のような白い懸濁液となった状態のものもラテックスと呼ぶ。紙加工用に使われるＳＢＲラテックスや、ＡＢＳ樹脂のベースポリマーとして使われるＢＲラテックス、耐油性が良く作業用手袋などに使われるＮＢＲラテックス、難燃性や耐候性にも優れるＣＲ(クロロプレンゴム)ラテックスなどがある

　主な汎用ゴムとして、耐摩耗性やグリップ性などに優れ、タイヤの接地面(トレッド)などに使われるＳＢＲ、弾性や耐摩耗性があってタイヤの側面(サイドウォール)などに使われるＰＢＲ、耐候性がありタイヤのチューブやインナーライナー、ノー

パンクタイヤなどに使われるIIR（ブチルゴム）、耐老化性や耐オゾン性などを持ち自動車のウェザーストリップなどに使われるEPDM（エチレン・プロピレンゴム）、最も天然ゴムと似た性質を持ち自動車タイヤ・チューブなどに使われるIR（イソプレンゴム）などがある。特殊ゴムには、耐候性や耐熱性に優れコンベアベルトや防振ゴムなどに使われるCR、高温による耐油性に優れパッキンやシール材、自動車のトランスミッションなどに使われるACM（アクリルゴム）、耐油性や耐摩耗性が特長で、オイルシールやガスケットなどに使われるNBR、耐寒性や耐熱性に優れ、パッキンやガスケットをはじめ多様な用途で用いられるシリコーンゴムなど多様な合成ゴムが生産されている。

芳香族～オレフィンと並ぶ化学工業の基礎原料
－内外で需要は堅調／製油所競争力の切り札となるか－

　芳香族（アロマティクス）は、脂肪族（オレフィン）と並ぶ化学品の基礎原料。主に物質の構造にベンゼン環（６個の炭素原子が正六角形を形成する亀の甲状の構造）を含む有機化合物を指す。代表的な芳香族化合物であるベンゼン（C_6H_6）は、亀の甲状に配された６個のＣ（炭素原子）それぞれにＨ（水素原子）が一つずつ結合した雪の結晶のような構造。代表的な物質はベンゼンのほかトルエン、キシレンがあり、その頭文字を取ってＢＴＸと呼称される。

■石油化学の発展とともに製法も変遷

　芳香族のメーカーは石油精製系、石油化学系、鉄鋼系があり、原料はそれぞれ原油、ナフサ、石炭の３つに分かれる。石油化学が発達する昭和30年代以前は鉄鋼系が中心だったが、現在は精製・石化が主流になっている。

　原油から各種石油製品を製造する製油所では、ガソリンのオクタン価を向上させるために炭化水素の構造を変える接触改質という工程があり、このプロセスで得られる改質油にＢＴＸが多く含まれる。石油化学においては、粗原料であるナフサを熱

分解してエチレンやプロピレンなどを製造する際に、芳香族系炭化水素を多く含む分解ガソリン(炭素数6〜8の炭化水素混合物)を副生し、ＢＴＸの抽出原料になる。

> ### 【Q＆A】芳香族ってどんな匂い?
>
> 　芳香族化合物の発見は19世紀に遡るが、発見当初は安息香酸のような芳香を持つ化合物が多かったことから、それらを総称して芳香族と呼ばれるようになった。芳香の種類は様々で、中には芳香性を持たないものもあるが、一般的には建物の塗装現場から漂ってくる匂いを想像していただければ分かりやすいだろうか。ただし、ベンゼンやトルエンのように発癌性のある物質もあるので、取り扱いには注意が必要。なお、意図して香りを放つように作られた「芳香剤」とは全く異なる

　一方、製鉄所では、製鉄工程で使用するコークスを製造するために石炭を乾留(蒸し焼き)する際に発生するガスから粗軽油やコールタールを回収。粗軽油やコールタールには多種類の芳香族化合物が含まれており、これを精製・分離する。前述の通りＢＴＸ製造の主流は石油精製・石化に移っているが、日本では製鉄会社から派生した化学メーカーである日鉄ケミカル＆マ

テリアルとＪＦＥケミカルが、現在もこの製法でＢＴＸを製造
している。また、コールタールは蒸留することでナフタリンとい
う物質が得られるが、これもベンゼン環が２つ縮合した化学
構造を有する芳香族化合物の一種。ナフタリンは主に可塑剤
(樹脂に柔軟性などを付与するための添加剤)の原料に用いられ
る無水フタル酸が主用途で、両社とも無水フタル酸まで一貫生
産している。

■国内市場は1,000万t規模に縮小

　ＢＴＸの主な用途と国内需要は別表の通り。かつての需要
(内需・輸出の合計)は1,200万トン規模だったが、コロナ禍に
よる需要減少に加え、主用途であるＰＸ(パラキシレン)の需給
緩和による減産もあり、2020年に1,000万トンを割り込んだ。
さらにＳＭ(スチレンモノマー)やカプロラクタムといった誘導
品の再編が進んでおり、国内需要はさらなる減少が見込まれる。
　ベンゼンの用途は、ポリスチレンの原料となるＳＭのほか、
ポリカーボネートやエポキシ樹脂などの原料となるフェノール、
ナイロン原料のシクロヘキサン、ウレタン原料のＭＤＩなど。
需要の約半分をＳＭ向けが占めており、ベンゼンの需要はＳＭ
の需給環境や市況に左右される部分が大きい。

■ＢＴＸの用途別需要と今後の需要見通し　　単位：千トン（前年比％）

ベンゼン	2021年実績	2022年見通し	2023年見通し	2024年見通し	2025年見通し	2026年見通し
スチレンモノマー	1,559 (104)	1,410 (90)	1,550 (110)	1,570 (101)	1,550 (99)	1,420 (92)
フェノール/キュメン	811 (118)	810 (100)	810 (100)	810 (100)	810 (100)	810 (100)
シクロヘキサン/ヘキセン	340 (111)	310 (91)	310 (100)	310 (100)	310 (100)	310 (100)
ＭＤＩ/アニリン	320 (112)	320 (100)	320 (100)	320 (100)	320 (100)	320 (100)
無水マレイン酸	70 (117)	70 (100)	70 (100)	70 (100)	70 (100)	70 (100)
そ　の　他	97 (485)	70 (72)	70 (100)	70 (100)	70 (100)	70 (100)
内　需　計	3,197 (112)	2,990 (94)	3,130 (105)	3,150 (101)	3,130 (99)	3,000 (96)
輸　出	362 (86)	420 (116)	420 (100)	420 (100)	420 (100)	420 (100)
需　要　合　計	3,559 (109)	3,410 (96)	3,550 (104)	3,570 (101)	3,550 (99)	3,420 (96)
トルエン	2021年実績	2022年見通し	2023年見通し	2024年見通し	2025年見通し	2026年見通し
不均化/脱アルキル	418 (107)	420 (100)	435 (104)	450 (103)	465 (103)	480 (103)
溶　剤	205 (103)	210 (102)	210 (100)	210 (100)	205 (98)	205 (100)
Ｔ　Ｄ　Ｉ	85 (113)	85 (100)	85 (100)	85 (100)	85 (100)	85 (100)
そ　の　他	300 (132)	300 (100)	295 (98)	290 (98)	285 (98)	275 (96)
内　需　計	1,008 (113)	1,015 (101)	1,025 (101)	1,035 (101)	1,040 (100)	1,045 (100)
輸　出	508 (130)	510 (100)	530 (104)	545 (103)	565 (104)	580 (103)
需　要　合　計	1,516 (118)	1,525 (101)	1,555 (102)	1,580 (102)	1,605 (102)	1,625 (101)
キシレン	2021年実績	2022年見通し	2023年見通し	2024年見通し	2025年見通し	2026年見通し
異　性　化	3,273 (107)	3,275 (100)	3,390 (104)	3,515 (104)	3,640 (104)	3,770 (104)
そ　の　他	210 (102)	205 (98)	205 (100)	205 (100)	205 (100)	205 (100)
内　需　計	3,483 (107)	3,480 (100)	3,595 (103)	3,720 (103)	3,845 (103)	3,975 (103)
輸　出	1,591 (93)	1,590 (100)	1,590 (100)	1,590 (100)	1,590 (100)	1,590 (100)
需　要　合　計	5,074 (102)	5,070 (100)	5,185 (102)	5,310 (102)	5,435 (102)	5,565 (102)
ＢＴＸ計	2021年実績	2022年見通し	2023年見通し	2024年見通し	2025年見通し	2026年見通し
内　需　計	7,688 (110)	7,485 (97)	7,750 (104)	7,905 (102)	8,015 (101)	8,020 (100)
需　要　合　計	10,149 (106)	10,005 (99)	10,290 (103)	10,460 (102)	10,590 (101)	10,610 (100)

出所：日本芳香族工業会

　トルエンの主用途は、ウレタン原料のＴＤＩ（トリレンジイソシアネート）向けのほか、溶剤として一定の需要があるが、ベンゼンやキシレンに比べると化学原料としての用途は少ない。このため、トルエンの不均化反応（トルエン２分子からベンゼンとキシレンを１分子ずつ結合組み替えする）によるベンゼン・キシレンの生産、脱アルキル化反応によるベンゼンの生産といった技術が開発され、実用化されている。特にポリエステル原料であるＰＴＡ（高純度テレフタル酸）向けで大量に消費されるキシレンの需要が強く、近年、トルエンの不均化／脱アルキル向けはキシレン生産が大部分を占めている。

　キシレンは一般に混合キシレン（ＭＸ）のことを指し、４つの異性体（分子式は等しいが分子構造が異なる化合物）であるオルソキシレン、メタキシレン、パラキシレン、エチルベンゼンを含有する混合物。混合キシレンとして溶剤向けに使用される部分もあるが、９割以上は異性化に用いられる。オルソキシレンは、ナフタリンと同様に無水フタル酸が主用途。メタキシレンは、オルソキシレンやパラキシレンへの変性が大部分だったが、近年は可塑剤や合成樹脂（ポリエステル樹脂など）の原料となるイソフタル酸向けの需要が伸びている。パラキシレンは、ポリエステル繊維やＰＥＴボトルの原料となるＰＴＡやＤＭＴ（ジ

メチルテレフタレート)の主原料だが、現在ではＤＭＴ向けが
極めて少ない。ポリエステルは中国を中心に需要が旺盛で、世
界需要は１億トンに迫りつつあり、原料であるＰＸ～ＰＴＡの
需要も力強い伸びが続いている。エチルベンゼンは一般にエチ
レンとベンゼンから合成されるが、混合キシレンから分離させ
る製法もある。大部分がＳＭの原料として用いられる。

■バイプロから目的生産物へ

　ここまでＢＴＸの製法と用途を説明してきたが、かつてＢＴ
Ｘは石油精製、石油化学、製鉄のいずれにおいてもバイプロ
(副産物)に過ぎなかった。石油化学を例にとれば、メーカーは
エチレンやプロピレンの需給・市況をみて運転条件を決めるた
め、ＢＴＸの状況は考慮しない。つまりＢＴＸの市況がどれほ
ど好調でもエチレンが悪ければ減産となり、反対にＢＴＸが低
迷していてもエチレンが良ければ生産し続けるしかないという
ことだ。ところが、近年はＢＴＸの位置づけが変わり、相対的
に価値が向上しつつある。

　その最たる例が、近年中国で新設ラッシュとなっているケミ
カルリファイナリーだ。名前の通り石化製品の生産に比重を置
いた製油所であり、芳香族、特にＰＸの生産量を最大化するよ

うに設計されている。ケミカルリファイナリーの先駆けとなった浙江石油化工の設備（2019年11月稼働）は、原油処理能力40万バレル（日量）に対し、ＰＸの年産能力が400万トンと非常に大きい。計画が明るみになった当初、業界筋から「計算が合わない」という声が上がるほど、それまでの常識と一線を画すものだった。そのカラクリは、石油精製工程で生じる中間留分（灯油や軽油など）も分解してＰＸの原料にするというもので、まさに芳香族を目的生産するための製油所と言える。もともとは年間1,000万トン以上を輸入に依存しているＰＸを内製化するための計画で、同時期に恒力石化も原油処理能力40万バレル、ＰＸ年産450万トンのケミカルリファイナリーを立ち上げており、これらに続く新設プロジェクトも進んでいる。

　また、日本の石油精製メーカーにとっても、今後の競争力強化に向けて「ＦtoＣ（フュエルtoケミカル）」がキーワードとなっている。日本では人口の漸減に加え、脱炭素化へ向けた意識の高まりもあって燃料油需要の減少が続いており、この対策が喫緊の課題。各社とも中長期の戦略においてＦtoＣによる製油所の競争力強化を掲げ、アウトプットを石油製品から芳香族へシフトしていく方針を打ち出している。

ＳＭ〜日常生活で触れる多くの製品の基礎原料
－国内生産はピークの６割／輸出環境次第で更に再編も－

　ＳＭ(スチレンモノマー)は、五大汎用樹脂にも数えられるＰＳ(ポリスチレン)やＡＢＳ(アクリロニトリル・ブタジエン・スチレン)樹脂、発泡スチロール(ＥＰＳ＝発泡ポリスチレン)、一部の合成ゴム(ＳＢＲ＝スチレン・ブタジエンゴム)などの原料。ＰＳは食品包装、ＡＢＳ樹脂は白物家電、ＥＰＳは魚箱や家電製品などの緩衝材、ＳＢＲはタイヤなどが主な用途で、日常生活で触れる機会の多い製品に用いられている。

■商業生産の開始は1930年代

　スチレンは芳香族炭化水素の一種で、芳香性のある無色の液体。1839年にドイツの薬学者Eduard Simonが天然のエゴノキの樹液から抽出される蘇合香(そごうこう、styrax)の成分として発見したことから、スチレン(styrene)やスチロール(styrol)といった慣用名の由来となった。商業生産の開始は1930年代まで待つことになるが、1940年代に生産量が飛躍的に増加。その原動力となったのは、第二次世界大戦における軍需、特に合成ゴム向けの需要と言われている。

　今日では、エチレンとベンゼンの合成によって得られるエチ

ルベンゼンから水素を抜く「脱水素法」が一般的。また、エチルベンゼンを酸化・脱水する「ハルコン法」もあり、この製法ではウレタン原料などに用いられるＰＯ（プロピレンオキサイド）を併産する。

　ＳＭの用途はＰＳが最も多く、日本国内では半分弱がＰＳ向け。２番目に多いのはＡＢＳ樹脂で、合成ゴム、ＥＰＳと続く。また、住設や自動車部材などに広く用いられるＦＲＰ（繊維強化プラスチック）の母材（マトリックス樹脂）となる不飽和ポリエステル向けにも使用される。

■需要・供給とも中国が中心

　ＳＭの世界需要は3,000万トン強とみられ、巡航速度で年率１～２％の増加が見込まれる。最大市場は中国で、2020年はコロナ禍による経済活動の停滞から早々に脱却した中国が周辺国の生産を肩代わりする格好になり、中国の需要は1,000万トン規模に達した模様。また、ＳＭ生産プラントの新増設も中国に集中している。以前は200～300万トン程度を輸入に依存していたが、2022年には100万トン強まで減少した模様。加えて、輸出が年々増加しており、トレードフローを含めてＳＭの世界需給に多大な影響を及ぼしている。

■国内は５社200万ｔに再編も先行きは依然不透明

　一方、日本のＳＭメーカーと生産能力は表記の通りで、現状は５社200万トン体制。これまで主に輸出環境の変化に沿う形で大規模な再編が行われてきたが、中国の内製化が着々と進み、輸出国へ転じつつある中で、2022年12月に太陽石油が事業撤退を表明した（設備の停止時期は未定）。

■国内ＳＭメーカーと生産能力

単位:t/y

会社名	工場	生産能力	備考
出光興産	千葉	210,000	２工場計55万ｔ
	徳山	340,000	第１系列12万ｔ、第２系列22万ｔ
ＮＳスチレンモノマー	大分	437,000	日鉄ケミカル＆マテリアル51％/レゾナック49％出資、２系列の合計能力
旭化成	水島	390,000	公称37.2万ｔ
太陽石油	宇部	370,000	公称33.5万ｔ、2006/1に4.1万ｔ増
デンカ	川崎	270,000	2019年に能力を1,000ｔ上方修正
合　計		2,017,000	

　日本でＳＭの生産が始まったのは1959年に遡る。それから輸入も織り交ぜながら高度経済成長期の内需拡大に対応してきたが、1990年代後半からは輸出が急速に拡大し、2001年に初めて輸出が100万トン台に到達。その後は100万トン超の輸出が定着し、ピークとなった2007年には163万トンに達した。

　設備能力の変遷をみると、2006年まではほぼ一貫して右肩上

がりとなり、2006年11月に実施された太陽石油（当時は太陽石油化学）の増強をもって国内能力はピークの344万トンに達したが、翌年の11月に旭化成（当時は旭化成ケミカルズ）が水島の第１系列15万トンを停止、同時に第２系列を２万トン増の32万トンに増強し、差し引き13万トン減少した。ただし、停止した主な理由は設備の老朽化によるもので、この時点では同社も国内外で設備の新増設を検討するなど、事業環境はまだまだ良好だった。

　しかし、その後は徐々に輸出環境に暗雲が漂い始める。中東や中国で相次ぎ設備の新増設が行われ、需給は世界的に緩和。輸出比率の高い日本勢は大きな打撃を受けた。過剰能力が顕在化し、業界再編の気運が高まる中、口火を切ったのは三菱ケミカル（当時は三菱化学）だ。同社は国内需要減少や輸出市場における競争激化で事業環境が厳しさを増し、将来的にも収益性が見込みにくいと判断、2011年３月に鹿島の37万1,000トン設備を停止した。同社は誘導品のＰＳについても、先行して2008年にタイのＰＳ事業子会社を解散し、続く2009年には当時旭化成ケミカルズおよび出光興産との３社合弁だったＰＳジャパン（ＰＳ専業の合弁会社、現在は旭化成62.07％／出光興産37.93％出資）から資本を引き揚げており、鹿島のＳＭ設備停止をも

ってスチレン系事業から完全に撤退した。これに続き、2012年５月にデンカ（当時は電気化学工業）が千葉の24万トン設備を停止。同時に住友化学との合弁会社だった千葉スチレンモノマーを完全子会社化し、ＳＭ生産を同社の27万トン設備のみに削減した。なお、千葉スチレンモノマーは2013年に精算し、同設備はデンカに承継されている。

　その後は大元となるエチレンの需要減退が顕在化し、クラッカーの再編が進展した。その中で、住友化学と旭化成が自社のクラッカーを停止し、これに合わせてＳＭの生産体制も再編。住友化学は2015年５月に日本オキシラン（2013年12月に住友化学が完全子会社化、それ以前は住友化学60％／ライオンデルセンティニアル40％出資）の42万5,000トン設備を停止し、旭化成は2016年３月に水島の32万トン設備を停止した。住友化学は前述の通り千葉スチレンモノマーから資本を引き揚げており、日本オキシランの停止によってＳＭ事業から撤退。旭化成は老朽化が進んでいた第２系列を停止して第３系列（39万トン）に生産を集約し、自家消費と国内外販を中心とする体制に切り替えた。

　一連の再編により、国内のＳＭ総能力は約200万トンに縮小。以降は内需中心の供給体制となり、輸出比率は３割弱（50～60万トン）程度に低下した。ただ、ＳＭの輸出環境は、海外での

新設備の稼働遅延や毎年のように発生する設備トラブル等により、市況は大方の予測に反して概ね堅調に推移。国内メーカーも５社200万トン体制となってからは高稼働が続いていた。しかし、中国における新増設の勢いは衰えず、2022年にはウクライナ情勢の悪化に伴う世界的な景気低迷や中国のロックダウン等で需要が弱含んだこともあり、需給緩和が再び顕在化。日本のＳＭ需給は内需中心とはいえ、太陽石油の停止後も数十万トンを輸出に振り向けなければバランスせず、将来的にさらなる再編の余地を残している。

ＰＳ〜多彩な用途を有する５大汎用樹脂の一角
－国内フル生産続く／ニーズに即した製品開発がキーに－

　ＰＳ(ポリスチレン)は安価で加工性も良く、五大汎用樹脂の一つにも数えられており、市場規模は世界全体で2,000万トンに迫っている。食品包装や家電製品、雑貨などに加え、ＥＰＳ(いわゆる発泡スチロール)として魚箱や家電製品等の緩衝材などにも幅広く用いられ、日常生活において馴染み深い樹脂だ。

■商業化から90年

　ＰＳは熱可塑性樹脂(加熱により溶融し、冷却すると元の固体に戻る性質を示す樹脂)の中でも非結晶性樹脂(物質を構成する分子の配列に規則性がない樹脂)に分類される。非結晶性樹脂は、結晶性樹脂と比べて耐薬品性や機械的強度に劣る半面、成形時の寸法安定性(吸湿・吸水時、熱膨張、加工時などの寸法変化に対する安定性)や剛性(硬さ)に優れる。

　ＰＳ世界最大手のイネオスによると、1929年に原料のスチレンモノマー(ＳＭ)をエチルベンゼンから製造する技術の特許が認められ、翌年にＳＭからＰＳへの連続重合技術を確立。1931年に商業生産へ漕ぎ着けており、2021年で90周年を迎えた。

　ＰＳの種類は、一般的なポリスチレンであるＧＰ(ゼネラル

パーパス）、耐衝撃性を強化したＨＩ（ハイインパクト）、空気を含ませて膨らませたＥ（エクスパンダブル）ＰＳの３つに大別される。ＧＰＰＳの特性は透明性や軽量性（比重はポリプロピレン、ポリエチレンに次いで３番目）、電気絶縁性、加工性など。また、臭気がなく、着色も容易なため、日用雑貨や食品包装などにも多用される。一方、欠点としては非結晶性樹脂の特性で剛性を有するが、硬さ故に柔軟性がなく、強い衝撃を受けた際に割れやすい。その短所を補ったものがＨＩＰＳで、ＨＩＰＳはＰＳに合成ゴムを配合することで耐衝撃性を向上させている。しかし、その半面、耐熱性や剛性が損なわれるほか、透明性も失われるため、一長一短がある。

　ＥＰＳは、一般にＰＳを小さな粒状にした原料ビーズを約50倍の体積に発泡させたもので、体積の98％が空気であるため非常に軽量かつ省資源な素材だ。また断熱性に優れ、保温や保冷などの用途に適しているほか、家電製品などを輸送する際の緩衝材としても用いられている。このほか、食品トレーやカップラーメンの容器などに使用されるＰＳＰ（発泡スチレンペーパー、発泡スチロールをシート状に加工したもの）や、建物の断熱材や畳の芯材などに使われるＸＰＳ（押出法発泡ポリスチレン）などがあり、日常生活に根付いた素材と言える。

┌─ 【Q&A】ＰＳとＰＥＴの違いは？ ─

　ＰＳは食品包装、特に弁当容器の蓋の部分で、同じ透明樹脂で結晶性樹脂に分類されるＰＥＴ（ポリエチレンテレフタレート）による需要代替が進み、ＰＳメーカーの頭を悩ませてきた。ＰＳ製とＰＥＴ製、見た目には分からないが、実は明確な違いがあり、剛性があってカチっと嵌るのがＰＳ製、柔軟性があるのがＰＥＴ製。なお、近年はＰＥＴによる代替が一巡した模様で、「ＰＳとＰＥＴは各々の特長を活かせる用途で棲み分けができた」（大手ＰＳメーカー）とみられている

■再編劇を経てフル生産に

　日本のＰＳメーカーはＰＳジャパン（旭化成62.07％／出光興産37.93％出資）、東洋スチレン（デンカ50％／日鉄ケミカル＆マテリアル35％／ダイセル15％出資）、ＤＩＣの３社で、年産能力は合計86万1,000トン。2020年はコロナ禍による需要減の影響を受けたものの、近年は基本的に各社ともフル稼働が続いている。ただし、ここへ至るまでには大規模な再編劇があった。

　ＰＳの内需は1991年に110万トンを記録して以降、減少傾向に転じた。主要顧客であった家電メーカーをはじめとする主要

需要家の海外移転による影響が大きく、需給ギャップが徐々に顕在化。日本のＰＳ業界は、1997年から1999年にかけて９社体制から４社体制に再編され、同時に設備の統廃合も行われた。

■国内ＰＳメーカーと生産能力

単位:t/y

会社名	工場	生産能力	備考
ＰＳジャパン	水島	108,000	ＧＰ１系列2.1万t／ＨＩ２系列8.7万t
	千葉	207,000	ＧＰ１系列13.8万t／ＨＩ１系列6.9万t
東洋スチレン	五井	132,000	ＧＰ２系列8.7万t／ＨＩ１系列4.5万t
	君津	138,000	ＧＰ１系列6.1万t／ＨＩ２系列7.7万t
	広畑	60,000	ＧＰ１系列３万t／ＨＩ１系列３万t
ＤＩＣ	四日市	71,000	透明対衝撃タイプなど、2011年に４万t増
		145,000	ＧＰ１系列、2019/5に8,000t増
合　計		861,000	

しかし、2000年代に入ってからも内需の漸減傾向は変わらず、徐々に過剰設備問題が再燃。これを受け、三井化学と住友化学がＰＳ事業の統合会社だった日本ポリスチレン（両社折半出資）の解散を決定し、2009年９月に千葉の10万トン設備と大阪の６万2,000トン設備を停止した。その後は現在に至るまでメーカー数は維持しているものの、前述した家電メーカーの海外移転に加え、ＣＤケースの市場縮小など、時代の流れとも言える構造的な需要の減少には抗えず、トップメーカーのＰＳジャパンが設備削減を相次いで実施。2011年３月に四日市の８万5,000トン設備、2013年６月に市原の４万5,000トン設備を停止した。

　ピーク時には家電向けを中心とする電機・工業用途向けの需

要が40万トン以上あったが、近年は８万トン規模に縮小。国内ＰＳ市場の最大用途から最小用途に変わった。一方で、Ｑ＆Ａの項で触れたＰＥＴ樹脂による需要代替が一巡したほか、ライフスタイルの変化に伴う中食（惣菜や弁当などを買って職場や家で食べること）の増加などが追い風となり、ＰＳの国内需要は2015年を底に反転。20年以上続いた縮小均衡から脱した。それ以降、国内生産量は70万トン内外（2020年はコロナ影響で66万トンに減少）を維持しており、各メーカーはフル生産・フル販売が継続。ＰＳジャパンが国内外で新プラントの建設を検討するほどに、事業環境が逆転した。

　人口の減少が進む日本において、内需規模を維持することは決して容易なことではない。ＰＳの内需が再浮上するきっかけとなったのは中食化や個食化といった需要構造の変化だが、その裏には電子レンジに対応した耐熱容器の開発を始め、商機を捉えるべく続けてきた技術開発の成果がある。ＰＳジャパンは次期プラント構想において、立地や生産能力に加えて「何を作るか」がポイントの一つと明かしており、今後も市場のニーズに即した製品をタイムリーに供給していくことが求められよう。

ＡＢＳ樹脂〜耐久財の外装など「身近な」樹脂
－国内メーカー30年間で11社から５社に／業界再編進む－

　ＡＢＳ樹脂はＡＮ（アクリロニトリル）、ブタジエン、ＳＭ（スチレンモノマー）を主原料とする非晶性（結晶部分を持たない）樹脂で、加工性に優れており、表面外観が良く、耐衝撃性など物性バランスのとれた樹脂として幅広い分野で使用されている。家電やパソコンの筐体など、外から見える外装部品としての使用も多く、意識せずとも直接触れる機会の多い樹脂であるといえる。1947年当時の米ＵＳラバーがＡＳ（アクリロニトリルスチレン）樹脂とＮＢＲ（アクリロニトリル・ブタジエンゴム）の機械的混合法によるＡＢＳ樹脂を開発したのが最初で、1954年に同社により初めて事業化された。日本では、1964年頃から国内生産が開始されており、五大汎用樹脂の一つにも数えられる。

■汎用樹脂とエンプラの中間に位置／幅広い用途に

　ＡＢＳ樹脂の製法には、ＡＳ樹脂にゴム成分を加えてミキサーで混ぜ合わせるポリマーブレンド法のほか、ゴムラテックス存在下でＡＮとＳＭを共重合させるグラフト法、グラフト法で得られた重合体とＡＳ樹脂を混合するグラフト・ブレンド法が

ある。ＡＳ樹脂の中にゴム成分が分散するような組成となっており、ポリマーアロイの一種ともいえる。このような組成から、ＡＳ樹脂の強度と、ゴム成分による耐衝撃性を両立できる性能を持つ。

　ＡＢＳ樹脂は、物性やコストの面で汎用樹脂とエンプラの中間的なポジションにあり、自動車や家電、ＯＡ機器・通信機器などの一般機器、雑貨向けなどに幅広く使用されている。適用範囲が広範にわたることから他樹脂との競合も激しく、ＰＰやＨＩＰＳ(耐衝撃性ポリスチレン)、エンプラなどと競合する。ＡＢＳ樹脂はモノマー比率の調整や成分の変更などにより、新たな機能を付与しやすい樹脂でもあり、耐熱性や難燃性、透明性を持たせたグレードなど、高機能性ＡＢＳ樹脂の研究開発も活発に行われてきた。

■ゴム成分の変更やアロイなど種類豊富

　ＡＢＳ樹脂の製造に使用されるゴム成分は、ポリブタジエン、ＳＢＲ(スチレンブタジエンゴム)、ＮＢＲなどの種類がある。またＡＮ、ＳＭ、ゴム成分の成分比を変えることで多くの種類が製造できる。ゴム成分をアクリル系ゴムに置き換えたＡＳＡ樹脂や、エチレンプロピレン系ゴムに置き換えたＡＥＳ樹脂な

ど、多くの「ＡＢＳ系樹脂」が存在する。表中では、ＡＥＳ樹脂やＡＳＡ樹脂を除いたＡＢＳ樹脂の生産能力を記載した。

■国内ＡＢＳ樹脂メーカーの生産能力

会社名	サイト	生産能力
テクノＵＭＧ	四日市	250,000
＊協同ポリマー担当	〃	*35,000
（能力は内数）	宇部	100,000
	大竹	50,000
	合計	400,000
日本エイアンドエル	愛媛	70,000
	大阪	30,000
	合計	100,000
東レ※	千葉	72,000
デンカ	千葉	50,000
国内能力（5社計）	単位：t/y	622,000

■ＡＢＳ樹脂メーカー大手3社

会社名	総生産能力
奇美実業	2,550,000
イネオス・スタイロルーション	2,041,000
ＬＧ化学	1,785,000

単位：t/y

※東レはマレーシア子会社に42.5万t保有

　ＡＢＳ樹脂は一般的に不透明な樹脂だが、メタクリル樹脂の原料でもあるＭＭＡ（メタクリル酸メチル）を加えることで、透明なＡＢＳ樹脂が得られ、家電の透明な部品などに使用される。需要が伸びており、東レがマレーシアの子会社で増設した。またポリカーボネートなどエンプラとのアロイも数多く開発されている。

■業界再編／日系は付加価値で勝負

　近年、国内の汎用樹脂業界では事業再編や統合が進められてきたが、ＡＢＳ樹脂も例に漏れず、この四半世紀でメーカー数

■ＡＢＳ樹脂メーカー再編の経緯

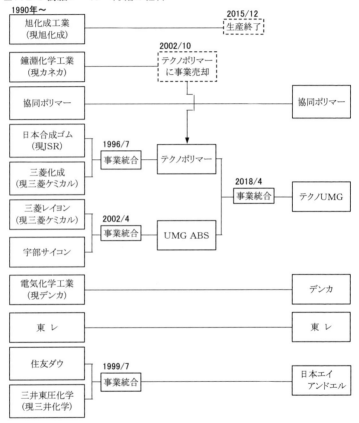

はおよそ半数に減少している。2018年４月には国内大手である
テクノポリマー（当時はＪＳＲ100％出資）とＵＭＧ　ＡＢＳ（当
時は宇部興産／三菱ケミカル折半出資）が合併し、テクノＵＭ

Gが発足。同社の年産能力は合計で40万トンとなった。四日市の３万5,000トン分（能力25万トンの内数）は協同ポリマー（ＪＳＲ／ダイセル折半出資）が生産。ダイセルは引き取り分の全量を自消している。旭化成はＡＢＳ樹脂の生産設備を2015年12月に停止し、その後外部から樹脂を調達する形でコンパウンド事業を続けていたが、2021年３月をもって事業撤退済み。なお、テクノＵＭＧの出資比率はＪＳＲが51％、ＵＢＥと三菱ケミカルの折半出資会社であるＵＭＧ　ＡＢＳが49％。日本エイアンドエルの出資比率は住友化学が85％、三井化学が15％となっている。

　世界のＡＢＳ樹脂生産能力ランキング（弊社刊「化学品ハンドブック2022」より抜粋）をみると、上位は１社で200万トンを超える能力を有するなど、日本勢は規模では海外企業に太刀打ちできない状態が続いている。そのため、日系各社はめっき特性や透明性、耐熱性、耐薬品性など差別化が図れる機能を持つ特殊品に注力。新たな用途や販路の拡大に向けて、製品開発や営業活動を推進している。

　2020年はコロナ禍により、自動車や家電に多く使われるＡＢＳ樹脂も大きな打撃を受けた。秋以降は回復傾向となったが、2021年の後半からは自動車生産台数低迷の影響を受けている。

フェノール～ＰＣ／エポキシへ繋がる中間原料
－コロナ禍でもＢＰＡ需要旺盛／フェノール樹脂も堅調－

　芳香環（芳香族化合物に含まれる環状の構造）にヒドロキシ基（水酸基）が結合した化合物全般をフェノール類といい、フェノールはフェノール類の中でも最も簡単な化合物であるヒドロキシベンゼン（ベンゼンの水素原子の一つがヒドロキシ基に置換された化合物）のことを指す。石炭酸とも呼ばれる。ＰＣ（ポリカーボネート）樹脂やエポキシ樹脂の主用途であるＢＰＡ（ビスフェノールA）向け、および汎用性の高いフェノール樹脂向けが二大用途。なお、ヒドロキシ基の数によって１価フェノール、２価フェノール、３価フェノール…と呼称され、２価以上のものを多価フェノールと総称する。

■工業化から160年

　フェノールは、1834年にドイツの化学者フリードリープ・フェルディナント・ルンゲがコールタール中より発見し、Karbolsaure（石炭酸）と命名。1859年にタール分留による工業的な製造法が確立され、フェノールと呼称されるようになった（ベンゼンの古名である「phene」に由来する）。その後は世界大戦下で軍用火薬（ピクリン酸）の原料として大量に使用される

ようになり、フェノールの合成技術も進展。硫酸法や塩素化法、ラッシヒ法などが次々に工業化され、1953年に現在もフェノール製造の主流となっているキュメン法がカナダで工業化された。

■フェノールと原料や誘導品の相関関係

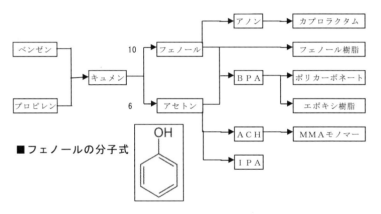

■フェノールの分子式

　キュメン法はベンゼンとプロピレンからキュメン（イソプロピルベンゼン）を合成し、これを空気酸化した後、硫酸やリン酸などの希酸を加えて分解することでフェノールを得るもので、この製法ではアセトンを6割副生する。フェノールメーカーは基本的にキュメン設備を併設し、一貫生産しているケースが多いが、欧米ではキュメンを外部調達するフェノールメーカーも散見される。

　アセトンは単体で溶剤として使用されるほか、手指消毒剤に

も使用されるＩＰＡ（イソプロピルアルコール）やＭＭＡ（メチルメタクリレート）の原料、またフェノールからＢＰＡを製造する際の副原料としても使用されるなど、広範な用途を持つ。

【Q＆A】フェノールとポリフェノールの関係は？

　抗酸化作用等で“体に良い”と言われているポリフェノール。赤ワインに含まれる「アントシアニン」や緑茶の「カテキン」などが代表的だが、実は大豆の「イソフラボン」もポリフェノールの１種だ。化学的に表現すると、ポリフェノールは「分子内に複数のフェノール性ヒドロキシ基（芳香環にヒドロキシ基が結合した構造）を持つものの総称」。分子構造的な違いで言えば、フェノールはフェノール性ヒドロキシ基が１つ、ポリフェノールは複数ということになる。ただ、ポリフェノールがフェノールから合成されたものかというと、フェノールフタレイン（pHで色が変わる試薬）のようにフェノールから合成されるものもあるが、世間一般で認識されているポリフェノールはアントシアニンやカテキンなど植物由来のイメージが強い。これらはフェノールから合成されているものではなく、光合成によって生成される植物の色素や渋みの成分。紫外線や酸化から身を守るために生み出された天然のバリア成分であり、その数は数千種類に及ぶと言われている

■ナイロン原料向けで新用途

　フェノールの用途は、冒頭で述べた通りＢＰＡ向けとフェノール樹脂向けが大半を占めるが、アニリンや2,6-キシレノールなどの原料としても用いられる。アニリンの主な用途は染料やゴム薬品（硫化促進剤）、医薬品、ＭＤＩ（ウレタン原料のジメチルメタンジイソシアネート）向けなど。2,6-キシレノールは、2,6-ジメチルフェノールとも呼ばれ、樹脂（ＰＰＥ＝ポリフェニレンエーテル）原料や抗酸化剤、防カビ剤などに使用される。

　また、近年はナイロン原料であるＣＰＬ（カプロラクタム）の原料にフェノールを用いる用途も登場した。ＣＰＬは、中間原料であるシクロヘキサノンを、ベンゼンに水素を添加することで合成されるシクロヘキサンから得る製法が一般的だが、これをフェノールに置き換えるというもの。フェノール法ＣＰＬはシクロヘキサン法と比べて工程が簡略化され、設備もコンパクトになり、スチームや電力の使用量などユーティリティ面でのコストメリットが見込まれる。

■ＢＰＡはＰＣ樹脂・エポキシ樹脂とも需要旺盛

　ＢＰＡはフェノールとアセトンの縮合反応によって得られる化合物。ＰＣ（ポリカーボネート）樹脂やエポキシ樹脂の原料と

して使用されるほか、ＰＶＣ（塩ビ樹脂）の安定剤など添加剤としての用途もある。ＰＣ樹脂、エポキシ樹脂とも、昨今はコロナ禍、あるいはカーボンニュートラルへ向かう潮流の中で特需が発生し、需要は好調に推移している。

　ＰＣ樹脂は代表的なエンジニアリングプラスチック（強度や耐熱性などの機能を強化したプラスチック）で、透明性や耐熱性、耐衝撃性、強靱性などが特長。自動車や電気・電子、ＯＡ機器、光学・医療機器などで需要が伸びている。また、昨今はコロナ禍で世界的にリモートワークやリモート教育が広がり、ノートパソコンやタブレットの需要が増加。筐体部分に用いられるＰＣ樹脂の需要も拡大している。

　エポキシ樹脂は分子内にエポキシ基を有する化合物の総称で、熱硬化型（加熱によって硬化し、元の状態には戻らない性質）の合成樹脂。代表的なタイプであるビスフェノールＡ型のエポキシ樹脂は、ＢＰＡとエピクロルヒドリンの縮合反応によって製造される。接着性や耐腐食性、耐薬品性、耐候性、電気特性、機械特性などが特長で、主な用途は電気・電子や塗料、土木・建築、接着剤など。プリント配線基板や半導体の封止材料にもエポキシ樹脂が用いられ、ＰＣ樹脂と同様にノートパソコンやタブレット向けで需要が拡大している。また、中国において風

力発電の新規投資が活況で、ブレードに用いられるガラス繊維強化樹脂の母材として使われるエポキシ樹脂の特需が発生。中国政府による風力発電プロジェクトへの補助金政策が引き金だったが、中央政府による補助金が2020年末で期限切れとなった後は地方政府へ引き継がれており、今後も高い需要が続くとの見方が強い。

■フェノール樹脂は最古のプラスチック

　フェノール樹脂は1907年に米国の化学者であるレオ・ベークランド博士が開発した世界初の人工合成樹脂。ベークランド博士は1910年にゼネラル・ベークライト・カンパニーを設立し、「ベークライト」の商標でフェノール樹脂を製造・販売した。

　フェノール樹脂はレゾール型とノボラック型に大別され、レゾール型は熱硬化性樹脂、ノボラック型は熱可塑性樹脂(加熱により溶融し、冷却すると元の固体に戻る性質を示す樹脂)に分類される。フェノール樹脂は耐熱性、強度、電気絶縁性、難燃性、高接着性などの特性を有し、鋳物や住宅・建築、自動車、電気・電子と用途の裾野は広い。価格と性能、いわゆるコストパフォーマンスで代わる素材はないと評され、発明から120年以上が経過した現在においても需要は底堅く推移している。

ウレタン～何にでも変身するスーパーポリマー
－2原料の組合せ無限／MDI増産へ～バイオ原料化も－

　PU(ポリウレタン)とは「ウレタン結合」という化学反応によって生成されるポリマーの一種。クッションや断熱材などの発泡体からゴム(エラストマー)状の繊維、合成皮革、接着剤や塗料の原料、丈夫な成型品まで、二大原料の変更や配合調整によって、多種多様な姿に変身できる合成樹脂である。つまり、スポンジから弾性繊維(スパンデックス)やエンプラまで幅広い形と用途に適合できるスーパーポリマーといえよう。身近なところでは、マスク用のソフトタイプな耳ひも、ストッキングや水着用のフィット繊維、軟らかいフォームクッション、硬い断熱フォーム、自動車ボディや建物用のウレタン塗料などに利用され、ポリウレタン樹脂の優れた耐摩耗性を生かしたインラインスケートやスケートボード用の車輪(ローラー)などにも使われている。

　ポリウレタンの二大原料はポリオールとイソシアネート。ポリオールには後述するように多種のタイプがあるが、イソシアネートはTDI(トリレンジイソシアネート)とMDI(ジフェニルメタンジイソシアネート)が代表的な原料。耐候性に優れ

たポリウレタン向けにはＨＤＩ（ヘキサメチレンジイソシアネート）のような芳香環を持たないものが適している。ポリウレタンフォームには軟質タイプと硬質タイプがあり、主として軟質フォームにはＴＤＩ、硬質フォームにはＭＤＩが用いられる。

■ポリオールはポリウレタンの基本的な原料

　主原料のうち１つであるポリオールは、分子内に水酸基（ＯＨ基）を２つ以上持った化学物質の総称。中でもＯＨ基を２個持つものはジオールと総称される。代表的なものにポリエーテルポリオールやポリエステルポリオール、ポリマーポリオール等がある。このうちポリウレタン原料としてはポリオキシアルキレンポリオールが最も多く使用されている。

　ポリオキシアルキレンポリオールは、一般的にプロプレンオキサイドやエチレンオキサイドなどのアルキレンオキサイドをプロピレングリコール（ＰＧ）、グリセリン、ソルビトール、ショ糖などの分子内に水酸基を２つ以上もった低分子化合物やポリアミンなどに付加重合させて製造される。従って、官能基数が２〜８、分子量が数百から数万と様々なものがある。またスパンデックス用のポリオールにはＰＴＭＥＧ（ポリテトラメチレンエーテルグリコール）が用いられるが、これは1,4-ブタン

ジオール〜ＴＨＦ（テトラヒドロフラン）を経て合成される。

■ＴＤＩとＭＤＩに代表されるイソシアネート

　もう一方の原料であるイソシアネートは、分子内にイソシア
ネート基（ＮＣＯ基）を持った化学物質の総称で、このＮＣＯ基
を２個以上持った化学物質をポリイソシアネートと呼ぶ。この
中で、ＮＣＯ基を２個持つものはジイソシアネートと総称する。
国内外で広く普及しているジイソシアネートは分子内に芳香環
を持ったＴＤＩとＭＤＩだが、ＨＤＩに代表される分子内に芳
香環を持たない脂肪族イソシアネートも用いられる。

ＴＤＩの化学式

異性体混合物

2,4 TDI　　　　　　　　　　　2,6 TDI

　ＴＤＩは主にトルエンとホスゲンを原料とした化学物質で、
自動車シート向けやソファ・椅子などの家具、寝具向け軟質・

半硬質フォームに使用されている。生産プラントは建設に巨額の投資を必要とするうえオペレーションが難しく、アジアの生産国は実質的に日本、韓国、台湾、中国に限られる。日本国内では再編が進み、三井化学が大牟田工場(福岡県大牟田市)に年産12万トンを保有するのみ。南陽事業所に2万5,000トン設備を保有する東ソーは、2023年4月で事業撤退する。海外ではBASFが78万トン、コベストロが75万トン設備を保有している。

　MDIは主にアニリンやホルマリン、ホスゲンを原料とした化学物質で、精製の度合いによってクルードMDI(ポリメリックMDI)とピュアMDI(モノメリックMDI)に大別される。ポリメ

ＭＤＩの化学式

リックMDIは分子内にNCO基を2個以上持った混合物で、硬質ウレタンフォームや接着剤向けに

ポリメリックMDI

モノメリックMDI

使用。モノメリックＭＤＩも分子内にＮＣＯ基を２個持つもの
で、エラストマーや熱可塑性ポリウレタン（ＴＰＵ）、ポリウレ
タン弾性繊維（スパンデックス）、人工皮革等の非フォーム向け
に使用されている。国内では東ソーが南陽事業所に年産40万ト
ン、住化コベストロウレタンが新居浜工場（愛媛県新居浜市）に
７万トンの設備を保有しており、海外では万華化学集団が230
万トンの設備を保有、同社はさらに米国で40万トンの設備を整
備している。

■ＭＤＩは各地で投資が活発化

　ポリウレタンの各種原料のうち、ＭＤＩは投資が活発化して
いる。三井化学は、韓国・錦湖三井化学（錦湖石油化学／三井
化学の折半出資）の麗水工場で2019年末にＭＤＩを41万トンへ
引き上げたのに続き、2023年９月にはさらに１系列20万トンを
増設して61万トンへと拡大する計画を進めている。ダウは、米
テキサス州フリーポート拠点でＭＤＩの蒸留とプレポリマーの
統合施設建設を計画、北米における供給能力を30％増強する。
コベストロは近年、ＭＤＩ強化に向けた投資を複数推進、ベル
ギーでアニリン設備、スペインで塩素プラントを2022年に稼働
開始させた。続いて米国か中国で2026年までに大型のＭＤＩプ

ラントを稼働させる予定だ。ＢＡＳＦは米ルイジアナ州で拡張投資（完了後60万トン）を予定している。この他の原料ついては、中国で福建省の東南電化がＴＤＩ15万トンとカセイソーダ30万トンの増産を計画している。

■非化石由来の原材料採用など環境対応も進む

　ポリウレタンでは、非化石由来の原材料を使用した新しいポリウレタンも登場している。三井化学は、バイオポリオール「エコニコール」を長らく展開しているが、近年の環境意識の高まりを背景に、再注目されている。また、バイオマス度70％のポリイソシアネート「STABiO（スタビオ）」とそれを用いたポリウレタンエラストマー「FORTIMO（フォルティモ）」の生産も開始した。ダウは、モビリティ分野の廃棄物を原材料とした循環型原料をベースとするポリウレタングレードを発売した。この製品はマスバランスアプローチによるリサイクル原料を使用。化石原料の使用量を削減しながら、既存製品と同等の性能を持つ循環型ポリウレタン製品を供給する。また、イノアックコーポレーションは植物由来原料を50％以上配合したウレタンフォームを開発。非食用の植物由来原料を使用し、50％以上の配合比率でも石油由来原料品と同等の物性を維持することに成

功した。このように、石化業界全体で見られるバイオマス化の
動きはポリウレタン業界でも進んでいる。

　なお、ポリウレタンフォーム用の発泡剤については、日本ウ
レタン工業協会の全会員が2010年に「ノンフロン化宣言」を行
い、住宅分野で使用される断熱用吹付け硬質ポリウレタンフォ
ームの発泡剤を同年8月以降は全てノンフロン化、地球温暖化
係数の低いハイドロフルオロオレフィン（HFO）系の発泡剤な
どへの切り替えを進めている。

エンプラ〜高耐久・高性能・高耐熱プラスチック
－汎用からスーパーエンプラまで／先端技術支える樹脂－

　エンジニアリング・プラスチック、通称エンプラは、耐久性が高く、耐久財など長く使用される製品に多く使われる高機能樹脂だ。エンプラの明確な定義は存在しないが、一般に耐熱性が100℃以上で、機械材料としての強度を備えた樹脂をエンプラと呼ぶ。ＰＥＴ(ポリエチレンテレフタレート)などガラス繊維等のフィラー(充填剤)をコンパウンドすることでエンプラの範疇に入る樹脂もある。広義には熱硬化性樹脂も含まれるが、熱可塑性樹脂が市場の多くを占めている。耐熱性がさらに高く、150℃以上の高温でも長時間使用可能な樹脂はスーパーエンプラと言い、先端技術の実用化に欠かせない樹脂として様々な用途に用いられている。

■結晶性と非晶性〜融点とガラス転移点
　熱可塑性樹脂が加熱され溶融状態となった後に、温度が低下し固化する際、分子が規則的に並んだ結晶部分を持つものを「結晶性樹脂」と言い、結晶部分がなく分子同士が不規則に絡み合ったまま固化するものを「非晶性樹脂」と呼ぶ。樹脂の種類により異なるが、一般に結晶性樹脂は耐薬品性が高く、硬く

て剛性があり、非晶性樹脂は透明性や塗装・接着性に優れ、耐衝撃性が高い。汎用樹脂で言えばポリエチレンやＰＰは結晶性、ＰＶＣ、ＰＳ、ＡＢＳ樹脂は非晶性の樹脂だ。

　耐熱性を考える際に重要な要素として融点(Tm)とガラス転移点(Tg)がある。融点は結晶性樹脂で問題になる値で、熱をかけることで固体物質が液体に変わる転移温度(物質の状態が転移する時の温度)のことだ。結晶性樹脂においては融点を超えた温度をかけることで結晶部が壊れ、液状に溶融する。溶融した樹脂を冷やしていくと粘度が上がってゴム状になり、最後には固化するが、ゴム状態から固化状態(ガラス状態)になる境目の温度をガラス転移点と呼ぶ。非晶性樹脂には結晶部がないため融点はなく、樹脂の温度がガラス転移点を超えると剛性が急激に低下する。結晶性樹脂は温度がガラス転移点を超えても融点に達するまでは結晶部が保たれるため、剛性の低下は比較的緩やかになる特長がある。

■五大汎用エンプラ〜自動車部品や電気・電子関係で活躍

　エンプラ、スーパーエンプラともに多くの種類が存在するが、ＰＡ(ポリアミド)、ＰＣ(ポリカーボネート)、ＰＯＭ(ポリア

セタール）、ＰＢＴ（ポリブチレンテレフタレート）、変性ＰＰ
Ｅ（ポリフェニレンエーテル）の５種類は五大汎用エンプラと呼
ばれ、生産される数量も多い。このうち、ＰＣと変性ＰＰＥは
非晶性樹脂で、ＰＣは五大汎用エンプラ唯一の透明樹脂であり、
スマホのカメラレンズや航空機の窓、ＤＶＤ基板等に使われる。
ＰＡは別名ナイロン（デュポンの商標に由来）とも呼ばれ、代表
的なＰＡはＰＡ６とＰＡ66。繊維や自動車部品等の成形材料の
ほか、フィルムなどの用途で使用されている。

■五大汎用エンプラおよびスーパーエンプラの一部

名称	結晶／非晶	耐熱温度	用途	備考
ＰＡ	結晶性	80～140℃	自動車、電気・電子、機械等	ＰＡ６および66が代表的。ナイロンとも
ＰＣ	非晶性	120～130℃	電気・電子、機械、建材等	五大汎用エンプラ唯一の透明樹脂
ＰＯＭ	結晶性	80～120℃	各種ギア、自動車、産機等	ホモポリマーとコポリマーの２タイプ
ＰＢＴ	結晶性	60～140℃	自動車、電気・電子、産機等	フィラーとの相溶性に優れる
変性ＰＰＥ	非晶性	80～100℃	電気・通信機器、自動車等	ＰＰＥと他樹脂のポリマーアロイの総称
フッ素樹脂	結晶性	260℃	ＬＡＮケーブル、建材等	ＰＴＦＥをはじめ９種類に分類される
ＰＰＳ	結晶性	200～240℃	自動車、バグフィルタ等	強化材と複合したコンパウンドが多い
ＬＣＰ	結晶性	200～220℃	電気・電子のコネクタ等	溶融時に液晶性を示す熱可塑性樹脂の総称

（注）網掛けのエンプラは非晶性樹脂

　ＰＯＭ（ポリオキシメチレンともいう）は耐疲労性や摺動性
（滑りの良さ）に優れ、各種ギアなどに用いられるほか、強酸を

除き高い耐薬品性を持つため、自動車の燃料系部品などにも使用される。ＰＢＴはＰＥＴなどと同じポリエステルの仲間で、射出成形における加工性に優れるため主に自動車部品、電気・電子、家電・ＯＡ、産業機器などの分野で使用される。ＰＰＥは、流動性が低く成形加工性に難があるため単体ではほとんど使われず、ＰＳなどとのポリマーアロイ(複数のポリマーを混合して改質したもの)である変性ＰＰＥとして用いられる。耐加水分解性に優れ、誘電率や誘電損失が低く、電気・通信機器、自動車の外装・電装部品をはじめ、太陽電池などの用途で幅広く活躍している。

■先端分野で活躍するエンプラ

　エンプラはスマホや自動車にも多く使用されている。スーパーエンプラであるＬＣＰ(液晶ポリマー)は、スマホ内部のコネクタとして多く使われるほか、５Ｇの普及に合わせ低伝送損失な基板材料として注目が集まる。フッ素樹脂も誘電特性に優れるため、５Ｇ向けの開発が活発だ。自動車の組成に占める樹脂素材(エンプラに限らない)は1960年代後半の４％から2010年代初頭には12％に増加。機能部品(ブレーキなど自動車の基本機能を担う部品)に使われるエンプラは１台当たり20〜30kgほど

になっている。各々のエンプラが持つ強度や耐熱性、耐薬品性（燃料や冷却水などへの耐性）、金属を代替した際の軽量効果などが生きており、内外装部品では美観や質感を高めたグレードも開発されている。

　エンプラは扱いの難しい樹脂でもある。耐熱性が高いため高い成形温度を必要としたり、より微細、薄肉、あるいは複雑な部品を求めて用いられることも多く、部品の設計等には各々の素材への深い理解が必要だ。日系エンプラメーカーはテクニカルサービスに力を入れており、海外でも技術サポート拠点の拡充を推進。各国のニーズを吸い上げ、新規素材の開発にも生かしている。環境対応面では、バイオ由来やリサイクル材由来のＰＯＭやＰＡなどの製品化も進んでおり、将来的な資源循環体制の実現に期待したい。

フッ素樹脂〜最後の砦と呼ばれる超エンプラ
－様々な特性もつユニークな樹脂／身近な使用例も多数－

　エンジニアリングプラスチックの1種であるフッ素樹脂は、その特性の高さからスーパーエンプラとも呼ばれる。世界の市場規模は年間20〜30万トンで、主な特性は耐熱性、耐薬品性、非粘着性、絶縁性、滑り性、低摩擦性など。身近な使用例として、焦げ付きにくいフライパンに用いられている。フッ素樹脂の特性である耐熱性、非粘着性等をフライパンに付与するコーティングを施すもので、その他にはクッキングシートなども使用例の1つだ。こうした特性を活かし、調理器具以外にも化学工業(配管など)、半導体、自動車、産業機械、衣料、建築など様々な用途分野で使用されている。

■様々な種類が存在するフッ素樹脂／原料は「光る石」

　フッ素樹脂の定義は、分子中にフッ素原子を含む合成高分子の樹脂であること。その原料はフッ酸とクロロメタンを反応させた生成物となる。このうちクロロメタンの原料は塩素などだが、フッ酸は「蛍石(ほたるいし／けいせき)」が原料となる。この蛍石は主成分がフッ化カルシウムで、外見はガラスのよう

にキラキラと光る石だ。しかし、この石を硫酸と反応させることでフッ酸を生成し、様々なフッ素化合物へと姿を変えていく。

　一般にフッ素樹脂とはＰＴＦＥ（ポリテトラフルオロエチレン）、ＰＦＡ（パーフルオロアルコキシアルカン）、ＦＥＰ（パーフルオロエチレンプロペン）、ＥＴＦＥ（エチレン—テトラフルオロエチレン共重合樹脂）、ＰＣＴＦＥ（ポリクロロトリフルオロエチレン）、ＥＣＴＦＥ（エチレン—クロロトリフルオロエチレン）、ＰＶＤＦ（ポリビニリデンフルオライド）、ＴＦＥ／ＰＤＤ（テトラフルオロエチレン—パーフルオロジオキソール）、ＰＶＦ（ポリビニルフルオライド）の９種を指す。このうち代表的なものはＰＴＦＥで、需要の６割を占めている。主な使用例は前述のフライパン加工だが、絶縁性を活かした電線の被膜材、耐候性を活かした屋根材・壁材などに採用例がある。屋根材としては汚れにくさや紫外線の影響を受けにくい特性が評価され、ドーム球場の屋根膜への採用実績が代表例だ。また、薬液搬送チューブとしての活用例もあり、半導体製造装置など様々な製品への採用が増えている。

■身近な製品にもＰＴＦＥ使用〜産業機械で採用広がる

　最もポピュラーなフッ素樹脂であるＰＴＦＥは、一般に「テ

フロン」という名称で広まった。これはケマーズが販売するフッ素樹脂の商品名で、1938年にデュポンがＰＴＦＥを発見し、1945年に商標登録。2015年の分社化以降はケマーズが事業を引き継いでいる。なお、ケマーズではこの名称をＰＦＡなど別のフッ素樹脂にも用いているため、必ずしもＰＴＦＥのことを指しているわけではない。

　近年はＰＦＡとともに、半導体製造装置において需要が大きい。半導体の製造では、高純度の薬品を様々な場面で使用しているが、薬液搬送チューブや装置の薬品を使用する箇所において、耐薬品性や非粘着性といった特性が活躍する。こういった特性はベルトコンベアや移送用ホースなど食品・医薬品の製造装置でも活かされている。

■電線被膜材にＥＴＦＥ使用〜ガソリンホースでも活躍

　ＥＴＦＥは、機械的強度が大きく耐放射線特性が良いフッ素樹脂だ。主に電線被膜やコンピュータの機内配線、原子力発電所の原子炉制御関係のケーブルなどに使用されている。また、ＰＴＦＥとの違いとして溶融粘度が高くないので成形しやすく、成形方法に汎用的なプラスチックと同じ手法が選択可能なことが挙げられる。

近年では世界的な環境規制の強化を背景に、ガソリン自動車での採用も進んでいる。自動車産業ではガソリンの蒸散規制(燃料ホースからの透過や給油口の隙間から発生する燃料蒸発ガスの規制)強化に対応するもの。ＥＴＦＥの耐薬品性が注目され、燃料チューブにガスバリア性能を付与する素材として採用が進んでいる。

■フッ酸はフッ素ゴムやフッ素ガスなどの化合物にも変化

フッ酸を原料としたフッ素化合物には、フッ素ゴムやフッ素ガスといったものも含まれる。フッ素ゴムは、ＦＫＭ(フッ化ビニリデン系ゴム)やＦＥＰＭ(テトラフロロエチレン・プロピレンゴム共重合体フッ素ゴム)、ＦＦＫＭ(パーフロロエラストマー)などが代表的とされる。これらのゴムはフッ素樹脂と同様に耐熱性や耐薬品性をもち、自動車用の燃料ホースやシール剤、半導体製造装置などに用いられる。このうち最もポピュラーなのはＦＫＭだが、その原料であるＶｄＦ(フッ化ビニリデン)がＰＶＤＦの原料でもあるため需給がタイトとなっている。

フッ素ガスは、フロン(フルオロカーボン)の代替品として形を変えながら成長を続けている。1960年頃から冷蔵庫などの冷媒として消費が増えたフロンは、ＣＦＣ(クロロ・フルオロ・

カーボン）やＨＣＦＣ（ハイドロ・クロロ・フルオロ・カーボン）が代表的だったが、1980年代に入ると、これらに含まれる「塩素（クロロ）」がオゾン層を破壊するという問題が取り上げられようになった。そうした背景から1990年前後に使用を控える動きが強まり、そこで注目されたのが、ＨＦＣ（ハイドロ・フルオロ・カーボン）だ。ＨＦＣは塩素を持たず、環境に優しい代替フロンとして転換が進んだ。しかし近年は、地球温暖化の原因となる「二酸化炭素（カーボン）」を削減する動きが強まり、炭素を含むＨＦＣも温室効果が高いガスとされてしまった。こうした経緯をたどり、新たな代替フロンとして需要が高まっているのがＨＦＯ（ハイドロ・フルオロ・オレフィン）だ。温室効果の低さが注目され、ＨＦＣからの転換が進みつつある。その進捗具合は分野によっても異なるが、自動車エアコンでは６割程度の転換が進んでいると想定される。

■ＰＶＤＦはＬｉＢの部材に／フッ素樹脂の今後

　フッ素樹脂は、様々な用途開発が進められている。代表的な例では、ＬｉＢの電極用バインダーとして採用されているＰＶＤＦが挙げられるだろう。ＬｉＢは現在、ＥＶの進展やスマートフォンの普及により、需要が急拡大している。このなかで、

　ＰＶＤＦは電極活性物質を接着するバインダーとして採用されていることから、供給体制がひっ迫。現在、複数の企業で増産投資が進められている。また、次世代自動車関連では電力効率の向上目的での被膜材としての採用も考えられ、水素自動車などＦＣＶが進展すれば、さらなる新規用途が開拓されるだろう。

　現在は需要が伸びているフッ素樹脂だが、今後もこの趨勢が続くかどうかについては注視する必要がある。電気自動車においては、全固体電池などＬｉＢに代わる高効率な電池の開発も進められている。また、ＰＶＤＦよりも高性能なバインダーが登場する可能性も考えられる。ガソリン車規制による需要も、世界が完全に次世代自動車へと移行した場合にはなくなってしまう。しかし、バランスの取れたパフォーマンスを持つため、使用困難な用途向けエンプラの「最後の砦」とも呼ばれるフッ素樹脂は、今後も様々な場面で活躍の場を広げていくはずだ。すでに燃料チューブとして採用されているのをはじめ、フッ素化学品分野ではＨＦＯが地球温暖化計数のより低い次世代冷媒として環境改善に貢献するなど、環境課題解決型製品として存在感を増している。エンプラ全体の市場規模(推定で年間1,000万トン)のうち、シェアでは２〜３％程度に留まるフッ素樹脂だが、ユニークな製品として注目を集めていくだろう。

熱硬化性樹脂～高い強度と耐熱性
－伝統的なプラスチック／リサイクルの検討も－

　熱硬化性樹脂は、熱を加えることで硬化する（固まる）特長を持った樹脂の総称で、加熱による化学反応で硬化した後は、再び熱を加えても軟化することはない。フェノール樹脂のほかメラミン樹脂、ユリア樹脂、不飽和ポリエステル樹脂などがある。ほかにエポキシ樹脂、ポリウレタン、シリコーン（ケイ素樹脂）なども熱硬化性樹脂の一種であり、それぞれの樹脂の特長を生かして、積層板や封止材、塗料、接着剤、複合材（ガラス繊維や炭素繊維で強化したプラスチック）などに用いられる。

　熱硬化性樹脂は、その特性からリサイクルが難しい材料であり、一度硬化した使用済みの製品から通常の加熱等によって同等品質の成形材料を作ることはできない。とはいえリサイクルが不可能なわけではなく、一度モノマーにまで分解して再び原料に用いるケミカルリサイクルの検討が各種樹脂において進められている。

■熱硬化性樹脂の成形法

　ポリエチレンやポリプロピレンなどの熱可塑性樹脂は、熱を加えることで軟らかくなり、成形後（冷えて固まった後）に再び

熱を加えることで再度軟らかくなるのに対し、熱硬化性樹脂は一度硬化した後に熱を加えても軟らかくなることはない。成形方法は圧縮成形やトランスファー成形(移送成形、圧送成形とも)が一般的で、射出成形もごく一部存在する。

　圧縮成形では、粉末状の原料樹脂を金型に入れ加熱・加圧することで成形品を得る。トランスファー成形では、加熱室で予め加熱した原料を、閉じた金型にノズルを通じて圧入(圧力をかけて押し込むこと)し、成形する。同成形法は加熱し軟化させた原料を金型内に入れるという点では射出成形と似ているが、射出成形が一度に数回分の原料を投入し連続的な成形が可能なのに対し、トランスファー成形は一度に1回分の原料だけを投入し、成形後には装置内に残った硬化物を取り除く工程が必要になる。成形品の大量生産では熱可塑性樹脂が有利で、熱硬化性樹脂の生産量は熱可塑性樹脂に及ばないが、機械的強度や耐熱性に優れ、硬化後に軟化しない性質から、耐久性の必要な製品等に広く使用されている。

■フェノール樹脂～世界初の合成樹脂

　熱硬化性樹脂の代表選手であるフェノール樹脂は、1907年にベルギー系米国人のレオ・ベークランド博士が開発し、1910年

に世界で初めて植物以外の原料から人工的に作り出され、工業
化された人工高分子材料。日本においては1927年に国産化され
た最初の合成樹脂である。フェノール樹脂の呼称として知られ
る「ベークライト」は最初に生産した企業の商標であり、日本
では住友ベークライトが同名を含む商標(住友ベークライト)を
登録している。熱硬化性樹脂の中で最も生産量が多く、国内生
産量は28万トン前後。フェノール類とアルデヒド類の付加縮合
反応により得られ、使用する触媒によってレゾール(室温で液
状〜半固体)とノボラック(多くは室温で固体)という異なる性
質を持った樹脂が得られる。

　機械的強度、耐熱性、耐水性、耐溶剤性、電気的特性(絶縁
性)等に優れ、とくに高温時における機械的強度の保持力が高
い。比較的安価で、成形材料として広く用いられている。

■不飽和ポリエステル樹脂〜ガラス繊維との複合材が主力

　主要原料の酸(飽和二塩基酸／不飽和二塩基酸)とグリコール
との重縮合により得られる硬化前の不飽和ポリエステルに重合
開始剤を加えることで硬化・成形する。国内生産量は10万トン
前後。低粘度でガラス繊維など強化材への含浸性に優れており、
ＦＲＰ(繊維強化プラスチック)としての使用が代表的。建材、

自動車関係、船舶関係、風力発電のブレードや飼料タンク等に広く用いられている。また、強化繊維を含まない非強化グレードは塗料や化粧板、人工大理石などに使われている。

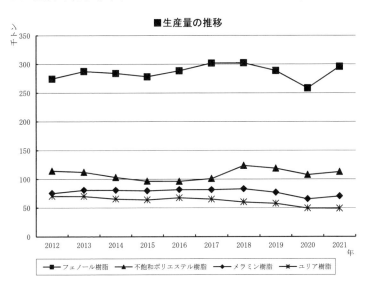

■生産量の推移

■メラミン樹脂～「割れない」食器や化粧板

　メラミンとホルムアルデヒドとの重縮合反応により得られ、表面硬度が高く、耐熱性、電気絶縁性、難燃性、耐水性、耐摩耗性、耐候性、光沢性、着色性などに優れる。主に病院や食堂で使用される食器、化粧板、接着剤、塗料、成形材料などに用

いられている。食器用途としては、光沢が良く陶器と似た感触を持つほか、軽くて割れにくく丈夫。化粧板は建材などに用いられている。国内生産量は7万トン前後。

■ユリア樹脂〜最も安価な熱硬化性樹脂

　ユリア（尿素）とホルムアルデヒドの付加縮合反応によって得られ、原料が尿素であることから安価な樹脂であり、メラミン樹脂とともにアミノ樹脂とも呼ばれる。国内生産量は6万トン前後だが、ここ数年は減少傾向が続いている。接着剤、成形材料、紙や繊維加工剤、塗料などに用いられ、接着剤・塗料用途の需要が最も多い。良好な耐アーク性や耐トラッキング性を持つことから、配線器具や照明器具の部品にも採用されている。

バイオマス・生分解性樹脂～環境配慮で脚光
－メーカー各社がそれぞれ最適解を模索中－

　近年、CO_2削減やプラごみ問題を背景に、石化系の樹脂を環境に配慮した素材に置き換える動きが強まっている。これを背景として存在感を増しているのがバイオマスプラスチックや生分解性プラスチックだ。一般的な定義では、両者を総称して「バイオプラスチック」と呼ぶこともある。20世紀以降、石油化学の発展は世界を豊かにしてきたが、地球にダメージを与えたとも言われている。そうした反省から、21世紀は化学企業が自らの手で環境負荷の低い製品を生み出そうという機運が高まっている。

■バイオマスプラスチック～原料調達に課題

　バイオマスとは、生物資源(bio)の量(mass)を表す概念で、生物由来資源の総称として認知され始めている。その種類は「廃棄物系バイオマス(生ゴミ、動物糞尿、ごみ等)」「未利用バイオマス(籾殻、間伐材、放置林等)」「資源作物(サトウキビ、とうもろこし等)」「新作物(ミドリムシ等)」の４つに大別される。これらの資源は一部を除き生育時にCO_2を吸収しており、廃棄時に焼却してもＣＮ(カーボンニュートラル)だと

される。バイオマス資源は、バイオマス発電や輸送機器の燃料など、代替エネルギーとしての展開が広がっている一方で、化石資源（原油・石炭）を代替する素材としても注目されている。

バイオマスプラスチックは、その名の通りバイオマス資源を原料としたプラスチックである。このうち、バイオマス原料のみで作られた樹脂が「全面的バイオマスプラスチック」、部分的に使用された樹脂が「部分的バイオマスプラスチック」であると定義される。

全面的バイオマスプラスチックで代表的になりつつあるのが、ＰＬＡ（ポリ乳酸）だ。トウモロコシなどのでんぷんに含まれる乳酸を重合することで作られる製品で、様々な用途で活躍の場面が広がっている。このほか、サトウキビを発酵させ、バイオエタノール〜バイオエチレンを経て生成されるバイオＰＥ（ポリエチレン）も国内流通が始まっている。

部分的バイオマスプラスチックには、バイオＰＥＴ（ポリエチレンテレフタレート）やバイオＰＣ（バイオポリカーボネート）、ＰＢＳ（ポリブチレンサクシネート）、ＰＢＡＴ（ポリブチレンアジペートテレフタレート）などがある。たばこのフィルター（アセテート・トウ）原料として有名な酢酸セルロースもこの分類だが、酢酸の原料であるメタノールをバイオ化すること

で全面的バイオマスに転換できる。また、バイオナフサが普及すれば石化系に分類される樹脂もバイオマスでの生成が可能となるなど、バイオマスプラスチックの定義は日々変わっている。

　環境省は、バイオマスプラスチックを2030年までに200万トン導入することを目指している。この目標が立てられた当時の出荷量は４万4,757トン（2018年）だったので、12年で45倍をも目指す大きな目標だといえる。そのための法整備も進められており、2020年７月には使い捨てのプラ製レジ袋を有料化（容リ法改正）、2022年４月にはカトラリーなどの供給を減らし再利用することを求める新法（プラ資源循環促進法）がスタートした。

　バイオマスプラスチックの課題となるのは、原料の安定調達と価格だ。ＰＬＡはとうもろこしを原料とすることが最適であるが、可食資源を消費することになり、世界的な穀物価格の上昇もあって調達不安が巻き起こっている。また、廃棄物、未利用材についても量が限られており、新作物に関しても効率的に生産する手法を確立する必要性がある。また、製造・輸送コストが高い品目も多い。ストローで比較すると石油系の２〜４倍になってしまうため、普及の障壁となっているのが現状。バイオマスプラスチックの導入に向けては、技術の確立以外にも解決するべき課題が多い。

■生分解性プラスチック〜リサイクルに課題

　生分解性プラスチックとは、微生物の働きによって土壌分解性や海洋分解性を持つ素材のことである。最終的に水やCO_2に分解され、自然循環する。この素材については、マイクロプラスチックごみ問題とセットで考えられるケースが多い。世界のプラスチックごみのうちほぼ80％が埋立・投棄されている。そうしたゴミは海洋流出しており、このままでは2050年までに海洋中のプラスチックが魚の重量をも上回ると言われている。このうち、石油系プラスチックは、完全に分解することはなく、マイクロプラゴミとして海を漂い続け、ごく微量の有害物質などを取り込む。これをプランクトンと間違えた魚が食べ、食物連鎖を繰り返し人間の口に収まることによる健康被害が危惧されている。

　生分解性プラスチックを使用した製品は、前述した分解特性により、マイクロプラごみ問題を解決する素材としても期待されている。原料になるものはバイオマス系素材も多いが、ＰＶＯＨ（ポリビニルアルコール）など化石由来資源のみで生産されているものも多い。特に、水溶性ＰＶＯＨは「溶ける個包装の洗濯洗剤」として飛躍的に普及している。この他にも生分解性

プラは、釣具や農具など、自然界に流出するリスクの高い用途を対象に導入が進んでいる。

　また、石油系プラスチックに生分解性を持たせる改質剤も登場。英国のスタートアップ・ポリマテリアが開発したマスターバッチ添加剤「lyfecycle（ライフサイクル）」は、ＰＰやＰＥに２％添加するだけで、常温・自然環境下で完全分解させることが出来る特徴を持つ。

　ただし、課題となるのは、リサイクルなど資源循環が難しい点だ。石化系のプラスチックであれば、マテリアルかケミカル両面でのリサイクルでアプローチできる。しかし、生分解性プラスチックは分解してしまうことが弱点となり、リサイクルではなく分解させるという廃棄処理しか出来ないものが多い。また、分解時にCO_2が放出されるため、ＧＨＧの削減には繋がらないという見方も強い。

　こうした特性を踏まえ、環境省では山や海、農地など、自然に流出するリスクが高い場面での使用を期待している。ごみ処理システムが発達している国では街中でプラごみが環境流出する危険性が低く、リサイクルしやすい素材である方が適する。一方で、山でのキャンプや海での飲食といった場面での使用は、不注意による環境流出の危険性がある。そのため、基本的には

リサイクルし、環境汚染のリスクが高い場所では生分解性素材を使用する、といった使い分けが必要だと呼びかけている。

■ハイブリッドなプラスチックも登場／非石化企業も参入

　代替プラのなかには、バイオマスで生分解性を持った素材も多く存在する。ＰＬＡも一般的に60℃以上のコンポストにおいては生分解することが知られており、バイオマス生分解性樹脂に分類される。先に挙げた品目では、酢酸セルロースも生分解性をもつため、原料のバイオマス化によっては完全バイオマス・生分解性となりえる。実際にメタノールをグリーン化する動きはあり、三菱ガス化学の循環型メタノール「Carbopath」では、グリーン水素とＣO_2を掛け合わせることで、グリーンメタノールを製造することが可能だ。このメタノールをオレフィンにする技術（ＭＴＯ）の開発も進められている。石化系原料をバイオマス化する動きが強まれば、そのラインナップは大きく広がるだろう。

　これまで挙げてきた素材は石化系を中心とする化学メーカーが開発・生産するものが多いが、近年は非石化企業の参入も目立っている。ミドリムシを用いた健康食品や化粧品を展開するユーグレナは、ミドリムシを新作物として培養し、バイオ燃料

やプラスチックとして使用することを目指している。このプラスチックを「パラレジン」と命名し、普及に向けセイコーエプソン、日本電気、東京大学と共同で技術開発に取り組んでいる。

　専業メーカーも現れている。バイオマスレジンホールディングスは、お米由来のバイオマスプラスチックを開発・製造する企業として、注目を集める。原料として用いるのは非食用米がメインで、バイオマス樹脂「ライスレジン」や生分解性樹脂「ネオリザ」の開発・普及に取り組む。また、アミカテラは化学企業以外からの出資を受け、バイオマス生分解性プラスチック「modo-cell」の展開を始めた。すでにテーマパークでの採用実績を持っており、今後注目される企業の一つだろう。

　脱プラスチック活動の代表例として、紙製の製品に置き換える動きもある。しかし、紙では製造時の企業活動に係るCO_2排出の問題が解決されないし、プラ代替のためには石油由来のコーティング剤を使用する場合もある。現に、ある紙製ストローの環境負荷は、プラ製ストローよりも高いという試算もあるようだ。本格的な資源循環型社会に向けては、市場競争力をもったバイオマス・生分解性プラスチック技術の開発が必要不可欠になっている。

アジアの石化製品需給バランスと過不足状況
－ＰＥやＥＧ不足が顕著／中・印・越などが入超多量－

　アジアエリアの石油化学製品貿易動向を見ると、各国において主要石化製品が入超状態にあるか、出超状態にあるかが分かり、自給能力の有無や過不足量の規模なども分かる。アジア全体では自給能力不足で入超状態にあっても、製品ごとや国ごとに見ていくと過剰な場合も散見される。各国の入出超状況を見れば、何が足りないのか、何が余っているのかが分かり、その市場に向けて域内外から競争力ある石化製品が流入する。世界最大で、しかも引き続き成長を続けているアジアの石化製品市場を概観してみよう。

> ## 【Q＆A】アジアで一番足りない石化製品は何？
>
> 　答はポリエチレン（ＰＥ）。後述する（韓国からインドまでの）アジア10カ国を対象にすると、2021年実績で1,220万トンだった。その内訳は、直鎖状タイプ（ＬＬＤＰＥ）を主力とするエチレン－αオレフィンコポリマー（ＡＯＣ）と高圧法ＰＥやその他ＬＤＰＥを含む低密度ＰＥ（ＬＤＰＥ）が720万トン、高密度ＰＥ（ＨＤＰＥ）が500万トン。その次に不足量が多かったのはエチレングリコール（ＥＧ）で740万トン、パラキシレン（ＰＸ）も460万トン不足した

■余剰品はＰＴＡなど芳香族系製品
／不足品はＰＥやＥＧほか大半

　東アジアから南アジアに至る10カ国(韓国、台湾、中国、シンガポール、タイ、マレーシア、インドネシア、フィリピン、ベトナム、インド)を対象に、主要石化製品の入出超状況を見ると、2021年実績で最も余った(出超)製品はポリエステル主原料の高純度テレフタル酸(ＰＴＡ)であり、10カ国合計の差引で420万トン近く(前年は330万トン強)に達した。その次に多かったのはベンゼンの140万トン弱(110万トン強)、塩化ビニル樹脂(ＰＶＣ)の130万トン(40万トンの入超)、ポリプロピレン(ＰＰ)コポリマーの120万トン弱(80万トン強)と続くが、これら以外ではポリオレフィンから塩ビ原料、スチレン系製品、合繊原料に至るまで、ことごとく玉が不足する入超状態にあった。

　なかでも圧倒的に不足していたのはＰＥで、2021年は1,220万トンと前年の1,550万トンより330万トン減った(域内供給量がその分増えた)ものの、群を抜いている。このＰＥの内訳は、ＬＤＰＥが720万トン(前年は850万トン)、ＨＤＰＥが500万トン(同700万トン)で、さらにＬＤＰＥの内訳は、ＡＯＣが310万トン(440万トン)、高圧ＰＥが350万トン(同量)、その他ＰＥが

60万トン弱(50万トン強)となっており、各種ＰＥのなかではＨＤＰＥが最も不足したことになる。その次に不足量が多いのは740万トン強のＥＧ(890万トン)、460万トンのＰＸ(450万トン)と続き、170万トンのＳＭ(前年は310万トン)、150万トンのＶＣＭ(140万トン)、130万トンのエチレン(190万トン)などが100万トン以上の不足品。ちなみに、豊富な天然ガス産出国でしか競争力ある製品を作れないメタノールについては、マレーシアを除くアジア各国が輸入に依存しており、その入超量は1,840万トン(1,940万トン)にも上る。

■中国の入超100万トン超は11製品
　　　　　／インド・ベトナム・インドネシアも入超大

　一方、国別に過不足量をみていくと、何といっても中国が入超№1で、基礎原料のエチレンやプロピレンのほか、ＬＤＰＥやＨＤＰＥ、ＥＧ、ＳＭ、ポリスチレン(ＰＳ)、ＡＢＳ系樹脂、ＰＰ、ＶＣＭ、ＰＸ、ベンゼンなどの不足が目立つ。この12製品のうち、100万トン以上の入超状態にある製品は、ＶＣＭを除く11製品にも上る。なかでもＰＴＡ原料のＰＸなどは、2015年以降ずっと1,000万トン超えが続いているほど。またＥＧも、2020年だけだったが入超量が1,000万トンの大台を突破したこ

とがある。

　このほか、インドやベトナム、インドネシアも不足する製品が多く、ＰＥからＰＰに至るポリオレフィン類やＰＳ、ＥＧなどの入超製品が多い。このうち入超量が100万トン以上を記録するのはインドのＰＶＣとＰＴＡ、ベトナムのＬＤＰＥなど。なかでもインドのＰＶＣとＰＴＡはアジアで入超トップだが、ＳＭやＥＧ、ＶＣＭでも入超２位と、不足量が結構多い。人口が３億人に迫るインドネシアも国産能力が圧倒的に足りない状況にあり、出超状態にある製品は塩ビ系製品やＳＭ、アクリル酸、ＰＴＡくらいしかない。

■アジア10カ国のエチレン系石化製品2021年入出超量

国　　名	エチレン	ＬＤＰＥ	ＨＤＰＥ	Ｅ　Ｇ	ＶＣＭ	Ｓ　Ｍ
韓　　国	968	1,504	1,521	-12	136	255
台　　湾	-229	-237	249	1,295	269	-80
中　　国	-1,876	-8,946	-6,355	-8,303	-887	-1,457
シンガポール	311	2,000	392	1,044	0	764
タ　イ	55	1,262	1,072	-155	81	-133
マレーシア	259	176	-46	188	-55	-116
インドネシア	-825	-473	-333	-434	115	71
フィリピン	14	-98	-90	38	-200	-7
ベトナム	-2	-1,552	-864	-263	-306	-90
インド	42	-812	-527	-806	-612	-886
合　　計	-1,283	-7,176	-4,981	-7,408	-1,459	-1,678

単位：1,000t　　（注）マイナスは入超量を表す

■出超国は韓国・台湾・タイ・シンガポールなど

　反対に出超量が多い国のNo.1は韓国で、入超製品はメタノールくらいしかない。ＥＧもプラント事故により2020年と2021年はやや入超となったものの、今年以降は出超に戻るだろう。台湾も基本的に輸出立国だが、エチレンセンターが不足しており、エチレンやＬＤＰＥ、ベンゼンやＰＸ、カプロラクタムなどが不足しているものの、ＥＧやＰＶＣ、ＰＴＡ、ＡＢＳ系樹脂、ＰＳ、ＨＤＰＥなどが出超製品。タイはＬＤＰＥとＨＤＰＥ、ＰＴＡ、ＰＶＣ、カプロラクタムなどの出超量が多い。シンガポールはＳＭで出超量がトップであり、ＰＥなども輸出量が多く、ＬＤＰＥの2021年出超量は200万トンでトップ、ＰＸも100万トンを超えるなど、韓国や台湾と並んで輸出を前提とした石化事業構造を構築している。

■アジア10カ国のプロピレン系石化製品2021年入出超量

国　　名	プロピレン	ＰＰホモ	ＰＰコポリ	ＡＮ	フェノール	アクリル酸
韓国	1,549	2,026	1,546	46	237	-6
台湾	341	320	529	74	-107	-68
中国	-2,402	-1,906	-1,501	6	-386	77
シンガポール	7	608	1,157	0	112	9
タイ	207	465	400	13	157	-27
マレーシア	-10	40	33	-149	-28	25
インドネシア	-136	-783	-382	-3	-22	18
フィリピン	-10	-129	-86	0	-4	0
ベトナム	-39	-690	-249	0	-6	-2
インド	-23	-332	-261	-158	-168	-57
合　　計	-517	-382	1,184	-170	-215	-32

単位：1,000t　　(注)マイナスは入超量を表す

　このうち韓国は、ＰＰのホモ・コポリマー、プロピレン、Ｌ
ＤＰＥ、ＨＤＰＥ、ＰＸ、ＰＴＡ、ベンゼンでは100万トン以
上の出超バランスにある。台湾もＥＧとＰＶＣ、ＡＢＳ樹脂、
ＰＴＡで出超量が100万トンを超えた。このほか出超量が100万
トンを超えている国と製品には、シンガポールのＰＰコポリマ
ーとＥＧ、インドのＰＸとベンゼンがある。

■出超国の日本でも増える入超品

　ちなみに、基本的に輸出ポジションにあり、出超製品が多い
日本の石化産業ではあるが、意外に入超製品も少なくはない。

■アジア10カ国の芳香族系石化製品2021年入出超量

国　名	ベンゼン	ＰＸ	ＰＴＡ	ＣＰＬ
韓国	2,442	6,162	1,410	22
台湾	-620	-367	1,012	-166
中国	-2,949	-13,650	2,497	-102
シンガポール	-198	1,087	0	0
タイ	622	355	1,072	37
マレーシア	168	60	49	0
インドネシア	-103	-655	14	-34
フィリピン	59	0	0	0
ベトナム	126	471	-573	-42
インド	1,812	1,938	-1,323	-74
合　計	1,358	-4,600	4,157	-359

単位:1,000t　　　(注)マイナスは入超量を表す

前述のメタノールは当然のこと、発酵法が主流のエタノールも
輸入量が圧倒的に多い。中間原料の酢酸や酢酸エチル、二塩化
エチレン、プロピレングリコール、アクリル酸エステル、無水
マレイン酸など、合成樹脂ではＬＤＰＥやＨＤＰＥ、不飽和ポ
リエステル樹脂、ＰＥＴ樹脂など、エンプラではナイロン樹脂
や変性ポリフェニレンエーテル樹脂（ＰＰＥ）などが長らく入超
状態にある。また生産撤退や縮小に伴い輸入に依存するしかな
くなったＤＭＴやＰＴＡなどもあり、意外な製品ではフェノー
ルが2016年と2018年以降は入超に転じ、アセトンとブタジエン
は2018年と2021年が入超だった。シクロヘキサンも2021年にな
って入超へと転じている。さらにポリオレフィンについても、
2018年はＬＤＰＥ、ＨＤＰＥ、ＰＰの３品とも入超だったが、
ＬＤＰＥはそれ以前の2008年から2019年まで入超（うち2009年
と2017年だけが出超）、ＨＤＰＥは2014年から2020年まで入超
（2015年のみ出超）だった。反対に、長らく入超状態にあったフ
タル酸系可塑剤のように、近年になって僅かながら出超へと逆
転した製品もある。一方、毎年のように生産量が減退してきた
三大合成繊維のうち、アクリルは生産量の半分以上が輸出に振
り向けられているが、ポリエステルはずっと入超だし、ナイロ
ンも2019年と2020年は入超に転じている。

≪資料編≫

【略語集】

A

ＡＡ（Acrylic Acid）：アクリル酸～ＧＡＡ（Glacial acrylic acid）は精製アクリル酸

ＡＢＳ（Acrylonitrile Butadiene Styrene plastics）：ＡＢＳ樹脂

ＡＣＨ（Acetone Cyanohydrin）：アセトンシアンヒドリン

ＡＥ（Acrylic Ester）：アクリル酸エステル

ＡＮ（Acrylonitrile）：アクリロニトリル（ＡＣＮと記す場合もある）

ＡＯＣ（Ethylene/Alpha-Olefin　Copolymer）：エチレン－αオレフィン共重合体

ＡＳ（Acrylonitrile Styrene plastics）：ＡＳ樹脂＝別称ＳＡＮ

B

ＢＤ（Butadiene）：ブタジエン

ＢＯＰＥＴ（Biaxially-Oriented PET film）：２軸延伸ポリエステルフィルム（ＯＰＥＴも可）

ＢＯＰＰ（Biaxially-Oriented　Polypropylene　film）：２軸延伸ポリプロピレンフィルム（ＯＰＰ）

ＢＯＰＳ（Biaxially-Oriented　Polystyrene　film）：２軸延伸ポリスチレンフィルム（ＯＰＳ）

ＢＰＡ（Bisphenol A）：ビスフェノールＡ

ＢＰＳＤ（Barrel Per Stream Day）：稼動期間中の製油装置原油処理能力

ＢＲ（Butadiene Rubber）：ブタジエンゴム

ＢＴＸ（Benzene-Toluene-Xylene）：芳香族

Ｂｚ（Benzene）：ベンゼン

C

ＣＦ（Carbon Fiber）：炭素繊維

ＣＦＲＰ（Carbon Fiber Resinforced Plastics）：炭素繊維強化プラスチック（複合材料）

ＣＮ（Carbon Neutral）：カーボンニュートラル～CO_2の排出量と吸収量を±０にする取り組み

ＣＯＰ（Cyclo Olefin Polymer）：シクロオレフィンポリマー

ＣＰＬ（Caprolactam）：カプロラクタム

ＣＰＰ（Casted Polypropylene film）：無延伸ポリプロピレンフィルム

ＣＲ（Chloroprene Rubber）：クロロプレンゴム

ＣＴＯ（Coal To Olefin）：石炭ガス化によりオレフィンを製造する技術

D

ＤＩＮＰ（Diisononyl Phthalate）：ジ・イソノニル・フタレートで付加アルコールのカーボン数が９の塩ビ用可塑剤

ＤＭＥ（Dimethyl Ether）：ジメチルエーテル

ＤＭＴ（Dimethyl Terephthalate）：ジメチルテレフタレートまたはテレフタル酸ジメチル

ＤＯＰ（Dioctyl Phthalate）：ジオクチルフタレートまたはフタル酸ジ２－エチルヘキシル

E

ＥＢ（Ethyl Benzene）：エチルベンゼン

ＥＣＨ（Epichlorohydrin）：エピクロルヒドリン

ＥＤＣ（Ethylene Dichloride）：二塩化エチレン

ＥＧ（Ethylene Glycol）：エチレングリコール〜ＭＥＧ（モノエチレングリコール）ともいう

ＥＯ（Ethylene Oxide）：エチレンオキサイドまたは酸化エチレン

ＥＯＡ（Ethylene Oxide Adduct）：ＥＯ誘導製品

ＥＯＤ（Ethylene Oxide Derivative）：ＥＯ誘導体

ＥＯＧ（Ethylene Oxide Glycol）：ＥＯとＥＧの総称

ＥＰＤＭ（Ethylene-Propylene Diene terpolymer）：エチレン・プロピレン・ジエン共重合体

ＥＰＭ（Ethylene-Propylene copolymer）：エチレン・プロピレン共重合体

ＥＰＰ（Expandable Polypropylene）：発泡性ポリプロピレン

ＥＰＲ（Ethylene-Propylene Rubber）：エチレン・プロピレンゴム

ＥＰＳ（Expandable Polystyrene）：発泡性ポリスチレン

ＥＶＡ（Ethylene Vinyl Acetate copolymer）：エチレン酢ビコポリマー

ＥＶＯＨ（Ethylene Vinyl Alchol copolymer）：エチレン－ビニルアルコール共重合体

F

ＦＣＣ（Fluid Catalytic Cracking ［Unit］）：流動接触分解（装置）

ＦＤＰＥ（Flexible-density Polyethylene）：全密度ポリエチレン

ＦＲ（Ｔ）Ｐ（Fiber Reinforced Thermoplastics）：繊維強化（熱可塑性）プラスチック

ＦＳ（Foamed polystyrene）：フォーム発泡ポリスチレン

G

ＧＡＡ（Glacial Acrylic Acid）：精製アクリル酸

ＧＦＲＰ（Glass Fiber Reinforced Plastics）：ガラス繊維強化プラスチック

ＧＰＰＳ（General-Purpose Polystyrene）：汎用ポリスチレン

H

ＨＤＰＥ（High-density Polyethylene）：高密度ポリエチレン

ＨＩＰＳ（High Impact Polystylene）：耐衝撃性ポリスチレン

I

ＩＩＲ（Isobutylene Isoprene Rubber）：ブチルゴム（Butyl Rubber）と同義

ＩＮＡ（Isononyl Alcohol）：イソノナノールまたはイソノニルアルコール

ＩＰＡ（Isopropyl Alcohol）：イソプロパノールまたはイソプロピルアルコール

ＩＰＰ（Inflationed Polypropylene Film）：インフレーション法ポリプロピレンフィルム

ＩＲ（Isoprene Rubber）：イソプレンゴム

L

ＬＡＯ（Linear Alpha Olefin）：直鎖状 α －オレフィン

ＬＣＰ（Liquid Crystal Polymer）：液晶ポリマー

ＬＤＰＥ（Low-density Polyethylene）：低密度ポリエチレン

ＬＬＤＰＥ（Linear-type Low-density Polyethylene）：直鎖状低密度ポリエチレン～「エルエル」ともいう

Ｌ－ＬＤＰＥ（またはＬ－Ｌ）：直鎖状低密度ポリエチレン

ＬＮＧ（Liquified Natural Gas）：液化天然ガス

ＬＰＧ（Liquified Petroleum Gas）：液化石油ガス（プロパンやブタンが主成分）

ＬＰＧ（Liquified Propane Gas）：液化プロパンガス

M

ＭＢＳ（Methyl methacylate Butadiene Styrene plastics）：ＭＢＳ樹脂〜モディファイヤーともいう

ＭＤＩ（Methyl Diphenyl IsocyanateまたはDiphenyl Methane-）：硬質ポリウレタン原料

ＭＥＧ（Mono Ethylene Glycol）：モノエチレングリコール（単量体の正式表現で略称はＥＧ）

ＭＦ（Melamine Formaldehyde resin）：メラミン樹脂

ＭＭＡ（Methyl Methacrylate）：メチルメタクリレート

ＭＤＰＥ（Multi-density Polyethylene）：全密度ポリエチレン

ＭＴＯ（Methanol To Olefin）：メタノールを原料にオレフィンを製造する技術

N

ＮＢＲ（Nitrile Butadiene Rubber）：アクリロニトリル・ブタジエンゴム

ＮＣＣ（Naphtha Cracking Center）：ナフサ分解装置を中核とするエチレンセンターのこと

ＮＧＬ（Natural Gasoline Liquified）：天然ガソリン（コンデンセートともいう）

O

ＯＰＥＴ（Oriented PET film）：２軸延伸ポリエステルフィルム（ＢＯＰＥＴともいう）

ＯＰＰ（Oriented Polypropylene film）：２軸延伸ポリプロピレンフィルム（ＢＯＰＰも可）

ＯＰＳ（Oriented Polystyrene Sheet）：２軸延伸ポリスチレンシート（ＢＯＰＳともいう）

P

ＰＡ（Polyamide）：ポリアミドまたはナイロン樹脂〜ＰＡ11やＰＡ12などもある

ＰＡ６（Polyamide 6）：ナイロン６樹脂（Nylon 6）

ＰＡ66（Polyamide 66）：ナイロン66樹脂（Nylon 66）

ＰＡＥＫ（Polyalyl Ether Ketone）：ポリアリルエーテルケトン〜ＰＥＥＫやＰＥＫＫの総称

ＰＡＲ（Polyalylate）：ポリアリレート

ＰＢＴ（Polybutyrene Terephthalate）：ポリブチレンテレフタレート

ＰＣ（Polycarbonate）：ポリカーボネート

ＰＣＴＦＥ（Polychlorotrifluoroethylene）：三フッ化塩化エチレン樹脂

ＰＤＨ（Propane Dehydrogenation）：プロパン脱水素反応によるプロピレンの製法

ＰＥ（Polyethylene）：ポリエチレン

ＰＥＥＫ（Polyether Ether Ketone）：ポリエーテルエーテルケトン

ＰＥＮ（Polyethylene Naphthalate）：ポリエチレンナフタレート

ＰＥＳ（Polyether sulfone）：ポリエーテルサルホン

ＰＥＴ（Polyethylene　Terephthalate）：ポリエチレンテレフタレート～ポリエステル樹脂やペット樹脂ともいう

ＰＦ（Phenol Formaldehyde resin）：フェノール樹脂

ＰＦＡ（Tetrafluoroethylene Perfluoroalkoxy vinyl ether copolymer）：四フッ化エチレン・パーフルオロアルコキシエチレン共重合樹脂

ＰＧ（Propylene Glycol）：プロピレングリコール

ＰＨ（Phenol）：フェノール

ＰＩ（Polyimide）：ポリイミド

ＰＩＢ（Polyisobutyrene）：ポリイソブチレン

ＰＬＡ（Polylactic Acid）：ポリ乳酸～Polylactideともいう

ＰＭＭＡ（Polymethylmethaclylate）：メタクリル樹脂

ＰＭＰ（Polymethylpentene Polymer）：ポリメチルペンテンポリマー

ＰＯ（Propylene Oxide）：プロピレンオキサイド

ＰＯＭ（Polyoxymethylene＝Polyacetal）：ポリアセタール

ＰＰ（Polypropylene）：ポリプロピレン

ＰＰＥ（Polyphenylene Ether）またはＰＰＯ（Polyphenylene Oxide）：変性（modified）ポリフェニレンエーテルまたは変性ポリフェニレンオキサイド～m-ＰＰＥまたはm-ＰＰＯとも略す

ＰＰＧ（Polypropylene Glycol）：ポリプロピレングリコールまたはポリエーテルポリオール

ＰＰＳ（Polyphenylene　Sulfide）：ポリフェニレンサルファイド

ＰＳ（Polystyrene）：ポリスチレン

ＰＳＰ（Polystyrene　Paper）：ポリスチレンペーパー＝発泡スチレンシートの通称

ＰＳＵ（Polysulfone）：ポリサルホン

ＰＴＡ（Purified Terephthalic Acid）：高純度テレフタル酸

ＰＴＦＥ（Polytetrafluoroethylene）：四フッ化エチレン樹脂

ＰＴＭＥＧ（Polytetramethylene Ether Glycol）：ポリテトラメチレン・エーテル・グリコール

ＰＵＲ（Polyurethane）：ポリウレタン

ＰＶＡまたはＰＶＯＨ（Polyvinyl Alcohol）：ポバールまたはポリビニルアルコール

ＰＶＢ（Polyvinyl Butyral）：ポリビニルブチラール（フロントガラス等用中間膜材料）

ＰＶＣ（Polyvinyl Chloride）：塩化ビニル樹脂（塩ビ樹脂）またはポリ塩化ビニル

ＰＶＤＣ（Polyvinylidene Chloride）：塩化ビニリデン樹脂

ＰＶＤＦ（Polyvinylidene Fluoride）：フッ化ビニリデン樹脂

ＰＸ（Para Xylene）：パラキシレン

R

ＲＦＣＣ（Residue Fluid Catalytic Cracking ［Unit］）：残油流動接触分解（装置）

S

ＳＡＮ（Styrene Acrylonitrile plastics）：スチレン・アクリロニトリル樹脂＝ＡＳ樹脂

ＳＡＰ（Super Absorbent Polymer）：高吸水性樹脂

ＳＢＲ（Styrene Butadiene Rubber）：スチレン・ブタジエンゴム～Ｓ-ＳＢＲ（Solution-SBR）:溶液重合型ＳＢＲ

ＳＭ（Styrene Monomer）：スチレンモノマー

ＳＭＣ（Sheet Molding Compound）：シート・モールディング・コンパウンド＝ガラス基布に不飽和ポリエステルを含浸させたシート

T

ＴＤＡ（Tolylene Diamine）：ＴＤＩの中間原料
ＴＤＩ（Tolylene Diisocyanate）：軟質ポリウレタン原料
ＴＨＦ（Tetrahydrofuran）：テトラヒドロフラン
ＴＰＡ（Terephthalic Acid）：（粗）テレフタル酸
ＴＰＥ（Thermoplastic Elastomer）：熱可塑性エラストマー〜
ＴＰＯ（同Polyolefin）はオレフィン系熱可塑性エラストマー
ＴＰＵ（Thermoplastic Polyurethane）：熱可塑性ポリウレタン

U

ＵＦ（Urea Formaldehyde resin）：尿素樹脂
ＵＰ（Unsaturated Polyester resin）：不飽和ポリエステル

V

ＶＡＥ（Vinyl Acetate ethylene copolymer Emulsion）：酢ビエチレンエマルジョン
ＶＡＭ（Vinyl Acetate Monomer）：酢酸ビニルモノマー
ＶＣＭ（Vinyl Chloride Monomer）：ポリ塩化ビニルの原料で、塩化ビニルモノマー
ＶＰ（Vinyl Pyridine latex）：合成ゴムラテックスの一種

【石油化学製品の製造フローと主用途】
＜エチレン系誘導品＞

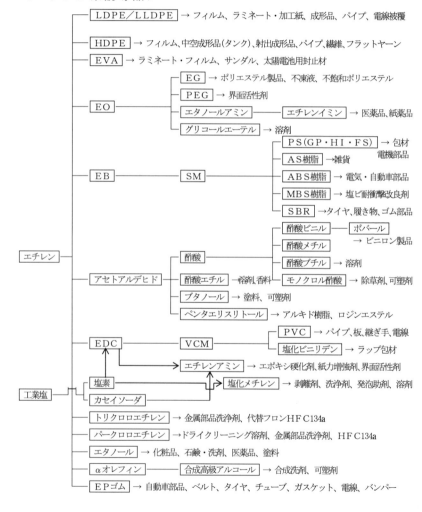

- LDPE／LLDPE → フィルム、ラミネート・加工紙、成形品、パイプ、電線被覆
- HDPE → フィルム、中空成形品(タンク)、射出成形品、パイプ、繊維、フラットヤーン
- EVA → ラミネート・フィルム、サンダル、太陽電池用封止材
- EO
  - EG → ポリエステル製品、不凍液、不飽和ポリエステル
  - PEG → 界面活性剤
  - エタノールアミン ── エチレンイミン → 医薬品、紙薬品
  - グリコールエーテル → 溶剤
- EB ── SM
  - PS(GP・HI・FS) → 包材、電機部品
  - AS樹脂 → 雑貨
  - ABS樹脂 → 電気・自動車部品
  - MBS樹脂 → 塩ビ耐衝撃改良剤
  - SBR → タイヤ、履き物、ゴム部品
- アセトアルデヒド
  - 酢酸
    - 酢酸ビニル ── ポバール → ビニロン製品
    - 酢酸メチル
    - 酢酸ブチル → 溶剤
    - モノクロル酢酸 → 除草剤、可塑剤
  - 酢酸エチル → 溶剤、香料
  - ブタノール → 塗料、可塑剤
  - ペンタエリスリトール → アルキド樹脂、ロジンエステル
- EDC ── VCM
  - PVC → パイプ、板、継ぎ手、電線
  - 塩化ビニリデン → ラップ包材
- 塩素 → エチレンアミン → エポキシ硬化剤、紙力増強剤、界面活性剤
- カセイソーダ → 塩化メチレン → 剥離剤、洗浄剤、発泡助剤、溶剤
- トリクロロエチレン → 金属部品洗浄剤、代替フロンHFC134a
- パークロロエチレン → ドライクリーニング溶剤、金属部品洗浄剤、HFC134a
- エタノール → 化粧品、石鹸・洗剤、医薬品、塗料
- αオレフィン ── 合成高級アルコール → 合成洗剤、可塑剤
- EPゴム → 自動車部品、ベルト、タイヤ、チューブ、ガスケット、電線、バンパー

エチレン

工業塩

＜プロピレン系誘導品＞

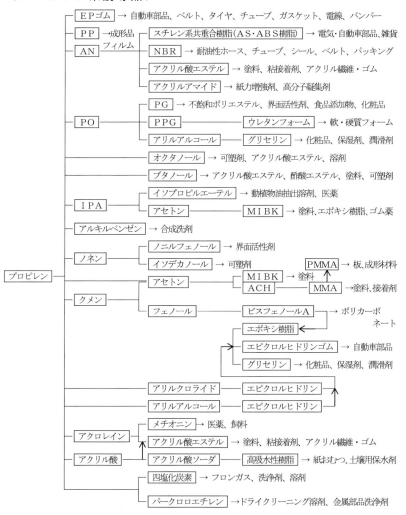

プロピレン
- EPゴム → 自動車部品、ベルト、タイヤ、チューブ、ガスケット、電線、バンパー
- PP →成形品
- AN フィルム
  - スチレン系共重合樹脂(AS・ABS樹脂) → 電気・自動車部品、雑貨
  - NBR → 耐油性ホース、チューブ、シール、ベルト、パッキング
  - アクリル酸エステル → 塗料、粘接着剤、アクリル繊維・ゴム
  - アクリルアマイド → 紙力増強剤、高分子凝集剤
- PO
  - PG → 不飽和ポリエステル、界面活性剤、食品添加物、化粧品
  - PPG ── ウレタンフォーム → 軟・硬質フォーム
  - アリルアルコール ── グリセリン → 化粧品、保湿剤、潤滑剤
- オクタノール → 可塑剤、アクリル酸エステル、溶剤
- ブタノール → アクリル酸エステル、酢酸エステル、塗料、可塑剤
- IPA
  - イソプロピルエーテル → 動植物油抽出溶剤、医薬
  - アセトン ── MIBK → 塗料、エポキシ樹脂、ゴム薬
- アルキルベンゼン → 合成洗剤
- ノネン
  - ノニルフェノール → 界面活性剤
  - イソデカノール → 可塑剤
- クメン
  - アセトン
    - MIBK → 塗料
    - ACH ── MMA →塗料、接着剤 ／ PMMA → 板、成形材料
  - フェノール
    - ビスフェノールA → ポリカーボネート
    - エポキシ樹脂
    - エピクロルヒドリンゴム → 自動車部品
    - グリセリン → 化粧品、保湿剤、潤滑剤
- アリルクロライド ── エピクロルヒドリン
- アリルアルコール ── エピクロルヒドリン
- アクロレイン
  - メチオニン → 医薬、飼料
  - アクリル酸エステル → 塗料、粘接着剤、アクリル繊維・ゴム
- アクリル酸 ── アクリル酸ソーダ ── 高吸水性樹脂 → 紙おむつ、土壌用保水剤
- 四塩化炭素 → フロンガス、洗浄剤、溶剤
- パークロロエチレン →ドライクリーニング溶剤、金属部品洗浄剤

<芳香族系誘導品>

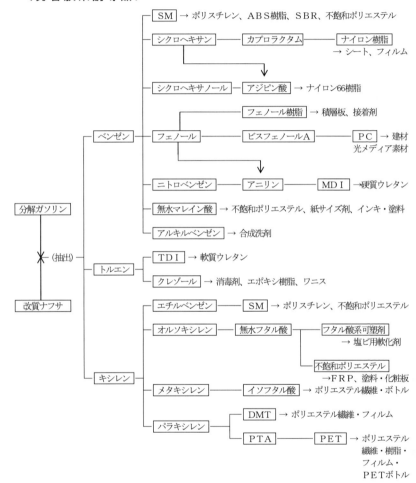

＜その他の誘導品＞

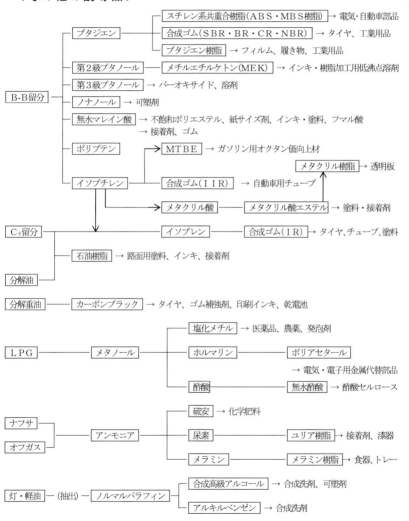

- B-B留分
  - ブタジエン
    - スチレン系共重合樹脂(ABS・MBS樹脂) → 電気・自動車部品
    - 合成ゴム(SBR・BR・CR・NBR) → タイヤ、工業用品
    - ブタジエン樹脂 → フィルム、履き物、工業用品
  - 第2級ブタノール
    - メチルエチルケトン(MEK) → インキ・樹脂加工用低沸点溶剤
  - 第3級ブタノール → パーオキサイド、溶剤
  - ノナノール → 可塑剤
  - 無水マレイン酸 → 不飽和ポリエステル、紙サイズ剤、インキ・塗料、フマル酸 → 接着剤、ゴム
  - ポリブテン
  - イソブチレン
    - MTBE → ガソリン用オクタン価向上材
    - メタクリル樹脂 → 透明板
    - 合成ゴム(ⅠⅠR) → 自動車用チューブ
    - メタクリル酸 ── メタクリル酸エステル → 塗料・接着剤

- C₅留分
  - イソプレン ── 合成ゴム(ⅠR) → タイヤ、チューブ、塗料
  - 石油樹脂 → 路面用塗料、インキ、接着剤
- 分解油

- 分解重油 ── カーボンブラック → タイヤ、ゴム補強剤、印刷インキ、乾電池

- LPG ── メタノール
  - 塩化メチル → 医薬品、農薬、発泡剤
  - ホルマリン ── ポリアセタール → 電気・電子用金属代替部品
  - 酢酸 ── 無水酢酸 → 酢酸セルロース

- ナフサ
- オフガス
  - アンモニア
    - 硫安 → 化学肥料
    - 尿素 ── ユリア樹脂 → 接着剤、漆器
    - メラミン ── メラミン樹脂 → 食器、トレー

- 灯・軽油 ─(抽出)─ ノルマルパラフィン
  - 合成高級アルコール → 合成洗剤、可塑剤
  - アルキルベンゼン → 合成洗剤

化学業界の常識

リアルな化学業界の分かりやすい実用情報

2023年2月20日印刷　第1刷3月7日発行
2023年6月28日印刷　第2刷7月6日発行
本体価格1,350円（税別）

編者	重化学工業通信社・化学チーム　https://jchem.jp
発行所	㈱重化学工業通信社
	〒101-0041　東京都千代田区神田須田町2-11
	https://www.jkn.co.jp
	販売　Tel 03-5207-3331㈹　Fax 03-5207-3333
	編集　Tel 03-5207-3332　Fax 03-5207-3334
印刷・製本	丸井工文社

©The heavy and chemical industries news agency 2023 Printed in Japan
ISBN 978-4-88053-217-2 C2058 ¥1350E